이 정도는 알아야 할

생물학
이야기

이 정도는 알아야 할

생물학
이야기

앞으로의 세대를 위한 생물학 수업

고카 고이치 지음 | 박정아 옮김

문예춘추사

머 리 말

우리의 미래를 진단하는 생물학

원래 같으면 '이 책을 쓰기에 앞서'라고 해야겠지만, 사실 이 머리말은 책을 다 쓰고 마지막 교정을 보는 중에 쓰고 있다. 2018년 초, 생물학이나 진화 이야기를 일반 독자도 읽을 수 있도록 유쾌하고 즐겁게 써달라는 제안을 받았다. 그러다 자연스레 편집 담당자들과 편하게 차라도 한잔하면서 대화를 나누고, 그 내용을 구술필기 형식으로 정리해보자는 방향으로 의견이 모였다.

그리하여 그해 봄부터 몇 차례에 걸쳐 인터뷰를 진행하고, 녹음한 내용을 글로 옮겨 문어체로 수정하는 작업을 반복했다. 처음에는 성인을 대상으로 야릇한 생물학 이야기를 써보자는 콘셉트로 시작했기 때문에 생물의 성에 관한 신기한 진화 이야기나 다양하고 기묘한 교미 형태를 주로 쓸 생각이었으나, 인터뷰를 거듭함에 따라 점차 인간이라는 생물의 '이질성'과 '특이성'으로 화제의 초점이 옮겨가더니 급기야 '인간이란 무엇인가?'라는 다소 철학적인 주제까지 건드리게 되었다.

인간의 성행위에서 보이는 특이점이나 질투심에 관한 진화적 고찰을 비롯해 차별이나 따돌림, 우생학이나 LGBT에 대한 견해 등 인간 사회에 내재한 부조리나 딜레마와 더불어 그 원인을 생물학적으로 분석하다 보니 꽤 진지한 주제에까지 이르게 된 것이다. 다만 이를 무겁게 다루기보다 생물학적 습성이라는 관점에서 오히려 자연스러운 현상으로 받아들일 수 있도록 설명했다. 그래야 우리 사회가 부조리와 딜레마를 자연스럽게 받아들이고 해결책도 좀 더 적극적으로 찾을 거라는 기대감에서였다.

더불어 인간과 자연이 맺는 관계가 우리 사회에 미칠 영향에 대해서도 본업인 환경 과학의 관점에서 접근했다. 지구온난화나 멸종 위기에 처한 야생 생물, 외래종 문제 등 각종 환경문제의 경향은 물론 우리 생활이 얼마나 환경오염에 깊이 관여하고 있는지를 살피고, 나아가 자연과 공생하는 사회는 어떤 모습인지도 고찰해보았다.

이런 식으로 그때그때 떠오르는 대로 말한 내용을 정리한 책이다 보니 결코 타당성이 충분하다고 볼 수 없는 설명이나 표현이 섞여 있다는 점도 솔직히 부정하지는 않겠다. 특히 인간을 포함한 생물의 성과 행동 진화는 생물학계에서도 가장 주목받는 연구 분야라 지금도 새로운 이론과 가설이 속속 등장하며 논쟁을 일으키고 있다. 혹시 이 책을 읽고 조금이라도 해당 분야에 흥미나 관심이 생긴 독자라면 좀 더 높은 수준의 전문서도 꼭 한번 훑어보길 바란다.

때마침 출간 직전 불어닥친 신종 코로나바이러스 감염증 (COVID-19)은 국경을 막론하고 우리에게 행동 양식과 생활 습관의 변화를 촉구하고 있다. 그렇다 보니 오히려 책을 내기에 더없이 적절한 시기라는 생각도 든다. 아무쪼록 이 책에서 다룬 인간 사회의 미래상이 앞으로 우리가 위드 코로나 시대를 극복하고 다가올 포스트 코로나 시대를 맞이하는 데 유용한 힌트가 되길 바란다.

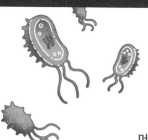

차 례

역생산 지역소비' | 세계화의 상징인 외래 생물 | 외래종만 애물단지 취급해도 될까? | 프랑스에서 연간 15명의 사망자를 내는 등검은말벌 | 온난화 진행 속도에 비해 더딘 생물 다양성 대책

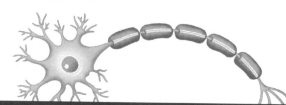

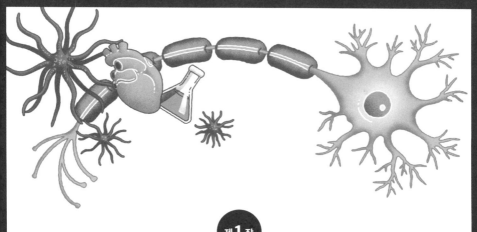

제**1**장

성의 개념

생물학적으로 수컷은 슬픈 생물이다

BIOLOGY

도대체 성이 뭘까?

대체 성이 뭘까? 다들 한 번쯤은 궁금했을 것이다. 생물에는 대부분 암수 구별이 있고, 인간은 난자와 정자의 결합으로 아이, 즉 자손을 낳는 '유성 생식'을 한다.

참고로 생식에는 유성 생식(sexual reproduction)과 무성생식(asexual reproduction) 두 종류가 있다. 무성생식은 스스로 복제본(clone)을 만들어 개체(population)를 늘리는, 이른바 '클론 번식(cloning)'을 말한다. 아메바나 유글레나, 짚신벌레, 말미잘, 해파리, 곤충류, 진드기류 등 진화 역사상 초창기에 등장하는 생물에서 종종 볼 수 있다. 반면에 우리 인간을 포함한 척추동물의 경우, '무성생식'은 찾아보기 힘들다.

적어도 우리가 일상적으로 마주하는 생물은 식물이든 동물이든 암수를 이용한 유성 생식이 일반적이다. 그럼, 이쯤에서 한번 생각해보자. 대체 '성(性)'은 왜 존재하는 걸까?

단순히 개체를 불리는 거라면 무성생식이 효율적이다. 배우자(配偶子)* 없이도 스스로 분열하거나 유전 정보가 똑같은 수정란을 생성해 증식하면 그만이다. 다만 증식 효율은 높을지 몰라도 증식 과정에서 똑같은 유전자 세트를 반복해 복제하다 보니 새로 태어난 개체 간에 변이(variation)**가 없다. 안정된 환경이라면 개체 간의 차이가 없어도 별문제가 안 되겠지만, 수질 악화나 기온 상승, 먹이 부족처럼 환경 조건이 척박해지면 변화에 적응하지 못하고 공멸, 즉 멸종하고 만다.

사실 지구상에 생물이 맨 처음 생겨났을 때만 해도 무성생식이 우세했다. 하지만 지구 환경이 바뀔 때마다 무성생식으로 낳은 개체는 적응에 실패해 사라진 데 반해 번거로운 유성 생식으로 낳은 개체 중에는 적응에 성공한 일부가 살아남는 자연 선택(natural selection)이 반복되었다. 그 결과, 성을 지닌 생물이 고등 생물 중 일반적인 종으로 자리를 잡게 되었다. 즉, 성이 생겨난 궁극적인 이유는 유전자 교환으로 개체 간의 다양성을 높이기 위해서였던 것이다.

---

* 다른 세포와 접합하여 새로운 개체를 형성하는 생식세포로 정자 또는 난자-역주
** 같은 종에서 성별, 나이와 관계없이 모양과 성질이 다른 개체가 존재하는 현상-역주

생물은 계속 진화해야 하는 운명

앞서 언급했듯이 무성생식은 똑같은 유전 정보를 가진 개체만 생성한다. 따라서 개체 간 다양성 부족으로 환경 변화를 견디지 못하고 멸종할 확률이 높다. 물론 무성생식 중에도 유전자 돌연변이(mutation), 즉 유전자 복제 에러에 따른 변이가 출현하기도 한다. 하지만 출현 빈도가 극히 낮아 급격한 환경 변화에는 따라가지 못한다.

그래서 생물이 고안한 전략이 개체끼리 서로의 유전자를 교환해 새로운 유전자 세트를 만드는 유성 생식이었다. 여기서 잠시, 유성 생식에 담긴 진화 원리인 '붉은 여왕 가설(The Red Queen hypothesis)'을 소개하고자 한다. 이 가설의 이름은 루이스 캐럴(Lewis Carroll, 1832~1898)의 소설 『거울 나라의 앨리스』에 등장하는 붉은 여왕 에피소드에서 따온 것이다.

소설 속 붉은 여왕이 다스리는 곳은 어떤 물체가 움직일 때 주위 환경도 함께 움직이는 독특한 세계다. 따라서 붉은 여왕도 제자리에 머물려면 늘 전력 질주해야 한다. 마치 끊임없이 바뀌는 자연환경에서 스스로 존속하기 위해 변화를 멈추지 않는 생물처럼 말이다. 이 가설은 붉은 여왕처럼 생물도 살아남으려면 계속 진화해야 하는 운명임을 역설한다.

생물은 어떻게 탄생하고 진화했을까?

애당초 생물은 어떻게 탄생했을까? 최신 연구에 따르면 생물의 탄생은 그야말로 연이어 일어난 기적의 산물이었다. 여러 설이 있지만 그중 '거대 충돌설(Giant impact hypothesis)'을 알아보자. 지금으로부터 45억 5천만 년 전, 이제 막 생겨난 지구에 화성과 비슷한 크기의 미행성이 충돌하는 일대 사건이 벌어졌다. 이 충돌로 떨어져나간 지구 암석들이 우주공간에서 서로 뭉쳐 지구 주위를 돌기 시작했는데 이것이 바로 달이다. 지구와 달은 미행성과 충돌하면서 받은 충격으로 펄펄 끓는 마그마 덩어리가 되었고, 차츰 식으면서 대기 중에 수증기를 형성했다. 이 수증기가 비가 되어 지구 위로 쏟아지면서 43억~40억 년 전, 바다가 탄생했다. 그 와중에도 지구에는 무수히 많은 운석이 끊임없이 떨어졌는데, 생명의 원재료인 아미노산 같은 유기물이 운석과 함께 바다로 떨어진 것으로 추정된다.

당시 달과 지구의 거리는 지금보다 훨씬 가까웠기 때문에 달의 공전(orbit)으로 인한 인력(gravitation)은 바다에 거센 파도를 일으켰다. 이 파동으로 바닷물에 녹아 있던 분자끼리 결합하면서 유전자, 즉 DNA*의 기초가 되는 '핵산(nucleic acid)'이란 물질

---

* 데옥시리보핵산(Deoxyribonucleic acid)의 약칭으로, 생명체의 유전 정보를 담고 있는 화학물질의 일종-역주

이 생겨났다. 곧이어 높은 파도가 부서지면서 만드는 무수한 물거품에 이 핵산이 섞이며 농축됐고, 서로 사슬 형태로 결합하는 과정에서 우연히도 DNA가 만들어졌다. 그야말로 스스로 복제가 가능한 물질이자 생명의 씨앗이 탄생한 것이다.

최초의 생명은 막 속에서 DNA를 복제하기만 하는 단순한 구조였지만, 점차 DNA 정보에서 단백질을 합성하는 시스템이 갖춰지고 다시 단백질에서 세포라는 DNA 운반체가 만들어지면서 단세포 생물이 탄생했다. 동시에 세포 간에 증식 경쟁이 시작됐는데, 이때 더 많은 복제본을 남긴 종이 이긴다는 생물의 기본 원리가 생겨났다. 엄밀히 말해 DNA가 만들어졌을 때부터 증식 경쟁은 이미 시작된 셈이지만, 단세포 생물의 출현으로 유전자 간의 경쟁이 생물 간의 경쟁으로 바뀐 것이다.

단, 경쟁이라고 해서 유전자나 세포가 의도적으로 증식을 시작했다는 건 아니다. 한정된 자원 안에서는 먼저 개체를 늘려 자원을 소비하는 쪽이 생존하더라는 결과론일 뿐, 반복된 복제를 통한 증식이라는 DNA의 화학 반응 자체는 우연의 산물이다.

곧이어 이 단세포 생물의 결합으로 다세포 생물이 탄생했고, 이후 다세포 생물은 더욱 복잡한 구조를 지닌 생물로 변화를 거듭했다. 즉 단세포 생물이든 다세포 생물이든 처음에는 무성생식, 즉 클론 번식으로 개체를 늘렸던 것이다.

그런데 어느 날 난처한 일이 벌어지기 시작했다. 생물이 고도화되면서 이들 세포에 들러붙어 양분을 얻으려는 기생자(parasitoid)가 생겨난 것이다. 바이러스나 박테리아 등이 대표적인데, 이들의 숙주(host)가 되면 양분을 빼앗기기 때문에 당연히 증식 효율이 떨어질 수밖에 없다. 자연스레 숙주인 세포 생물체도 양분을 빼앗기지 않으려고 진화하기 시작했다.

이를테면 기생자가 뚫고 들어오지 못하도록 세포막을 단단하게 만든다거나 면역력을 키워 저항력을 높이는 것이다. 그러면 기생자도 세포막을 뚫으려고 자신의 구조를 바꾼다. 이렇게 숙주와 기생자 사이에 엎치락뒤치락 진화 경쟁이 벌어지는데, 이를 두고 '진화적 군비경쟁(Evolutionary Arms Race)'이라고 한다.

이때 유리한 쪽은 DNA 구조가 단순하고 크기도 작아 세대교체가 빠른 기생자다. 숙주의 진화 속도로는 잇따라 새로운 기생 방법을 고안해내는 기생자를 당해내지 못한다.

바이러스에 맞서는 획기적인 전략: 성의 분화

기생자의 빠른 진화 속도는 숙주에겐 자기 복제본의 존속을 위협하는 급격한 환경 변화에 해당한다. 이 끊임없는 환경 변화에 맞서고자 숙주 생물이 고안한 획기적인 전략이 숙주끼리 유전자를 교환하는 이른바 유성 생식이었다. 이 방법으로 숙주 생물 집단의 유전자 다양성을 높여 기생자의 범람을 막고 숙주 생물의 자손이 살아남을 확률을 올린 것이다.

단 유성 생식이 등장했을 당시에는 아직 암수라는 성별은 존재하지 않았다. 일례로 단세포 생물인 짚신벌레는 평소 무성생식으로 개체를 늘리다 어느 정도 세포 분열을 반복하고 나면 다른 개체와 접합(conjugation), 즉 결합을 통해 서로의 유전자를 교환하는데, 이것이 유성 생식의 전신(前身)이라 할 수 있다.

그러나 짚신벌레는 암수 구별이 없다. 그저 나와 다른 유전자를 가진 개체와 접합하는 것일 뿐이다. 접합을 마친 짚신벌레는 다시 떨어져 각자 세포 분열을 반복하며 무성생식을 진행한다.

반면에 다세포 생물은 짚신벌레처럼 세포 간 접합이라는 단순한 방식으로는 유전자를 교환하기가 힘들다. 이에 자신의 유전자 세트 중 절반이 포함된 생식세포를 체내에서 생성해 타 개체의 생식세포와 결합함으로써 새로운 유전자 세트를 지닌 자손을 낳는 방식으로 진화했다. 우리는 이를 정자와 난자의 결합, 즉 수정(受精)이라고 한다.

하지만 여기서 다시 의문이 생긴다. 생식세포는 어째서 정자와 난자 두 종류로 진화한 것일까? 이 의문은 성이 분화된 근본 이유로 이어진다. 생물은 구조가 복잡하고 정교해질수록 성장에 시간이 걸린다. 생식세포 간의 결합으로 생성된 수정란이 세포 분열을 시작해 하나의 개체로 성장하기까지의 과정을 배아 발생(embryogenesis)이라고 하는데, 이 과정에는 영양소가 필요하다.

단 영양소를 외부에서 흡수하는 방식은 환경이 달라지면 자칫 배아의 생존을 위협할 수도 있다. 이에 배아가 무사히 개체로 성장할 때까지 필요한 영양소를 미리 축적한 생식세포, 즉 난자가 생겨난다.

난자는 영양소를 축적하고 있는 만큼 크기는 클지 몰라도 생산량이 많지는 않다. 즉 한 번에 만들어지는 난자 개수에 한계가 있는 것이다. 개수가 적으면 생식세포끼리 만날 확률도 줄어든다. 이에 난자와는 달리 크기가 작고 생산량도 많은 생식세포가 등장하는데, 이것이 바로 정자다. 심지어 이 자그마한 생식세포는 몸집이 크고 굼뜬 난자와 만날 확률을 높이고자 운동성까지 갖췄다.

이렇게 해서 난자와 정자라는 두 종류의 생식세포와 더불어 이를 생산하는 데 특화된 개체로서 암컷과 수컷이 생겨난 것이다. 그리고 생물이 진화를 거듭하며 복잡해지자 암수 사이에 형태나 기능상의 차이가 나기 시작하는데, 이를 성적 이형(sexual dimorphism)이라고 한다.

특히 고등동물은 암수 사이에 기능 차이가 뚜렷해지는 방향으로 진화했는데, 가령 인간의 경우 여성은 아이를 낳고 남성은 사냥감을 잡아온다는 식으로 각자 특정 역할이 부여되면서 여성과 남성 간에 체격 차이가 벌어지기 시작했다.

달팽이는 암수가 같다? 자웅동체 생물들

동물 중에는 성별이 모호한 종도 있다. 달팽이는 하나의 개체가 암컷과 수컷의 생식세포를 모두 갖추고 있어 혼자서 난자도 만들고 정자도 만든다. 그런 달팽이도 서로 다른 개체 둘이 만나 정자를 교환해야만 수정이 이루어지는데 이를 자웅동체(hermaphrodite)라고 한다. 「마징가Z」의 아수라 남작을 떠올리게 하는 자웅동체는 일반적으로 조개류나 군소*, 민달팽이, 지렁이 등 이동 능력이 부족한 종에 많다고 한다.

아무래도 이동이 어려운 동물이 암수가 분화돼 있으면 가까스로 만난 상대가 동성이었을 때 느낄 실망감이나 충격은 이루 말로 다할 수 없다. 어쩌면 다음 상대를 찾기도 전에 수명이 다

---

* 바다에 사는 연체동물로 몸을 보호하는 껍질이 없어 바다 달팽이라는 별칭으로 불린다.-역주

할지도 모른다. 그러니 서로 암수의 역할을 모두 소화할 수 있도록 진화할 수밖에 없었던 것이다.

미국 애니메이션 「니모를 찾아서」의 주인공으로 유명한 물고기 흰동가리(Amphiprion ocellaris)는 성전환이 가능하다. 처음에는 모두 수컷으로 태어나지만, 무리 중 제일 큰 개체가 암컷으로 탈바꿈해 그다음으로 덩치가 큰 수컷과 교미(copulation)한다. 작은 몸집으로 늘 천적의 위협에 시달리는 탓에 수컷 대다수를 희생해서라도 최대한 많은 알을 남기려고 가장 큰 암컷 한 마리만 남겨두게 된 것이다.

반대로 푸른 줄무늬 청소놀래기(Labroides dimidiatus)라는 물고기는 처음에는 모두 암컷으로 태어나는데, 무리 중 몸집이 가장 큰 개체만 수컷으로 전환해 주변 암컷을 거느린다. 이는 크고 강한 개체가 영역을 지키며 여러 암컷을 확보해 되도록 많은 자손을 남기려는 전략으로 풀이된다.

육아가 필요한 조류나 포유류에서는 암컷과 수컷의 분업이 더 명확해져 자웅동체나 성전환(sex change)이 일어나는 종은 거의 찾아볼 수 없다. 수컷은 영역을 지키거나 먹이를 구해오는 등 가급적 많은 자손을 남기는 데 중요한 역할을 한다.

한편, 암컷이 보기에 아이를 낳지 않는 수컷은 유전자만 옮길 뿐 밥만 축내는 식충이 같은 존재이기도 하다. 특히 안정된 환경에서 정해진 유전자만 복제하면 되는 상황이라면 수컷은 더더욱 필요가 없다.

수컷은 수정을 위한 스위치!?

진화 과정에서 유성 생식을 포기했을 것으로 추정되는 생물이 있다.

진드기를 잡아먹는 포식성 응애인 이리응애(Phytoseiidae)가 대표적인데, 본디 수컷 개체수가 적다. 수컷이 암컷과 교미해 수정이 이루어져도 수정란이 자라는 과정에서 정자 쪽 유전자가 녹아 없어지기 때문이다. 결국 태어나는 건 암컷 복제본뿐인데, 이런 생식 형태를 자성생산단위생식(gynogenesis)이라고 한다.

다만 수컷 유전자는 쓰지 못해도 다음 세대의 암컷을 낳으려면 어쨌든 수컷과 교미를 해야 한다. 그렇다면 수컷을 통한 수정은 배아 발생을 일으키는 스위치 역할을 하는 게 아닐까?

진드기는 대부분 유성 생식이다. 이리응애도 원래는 유성 생식이었을 것으로 추정된다. 다만 그들의 서식 환경에서는 유전자 변이가 별로 필요 없었던 모양이다. 그렇다면 암컷으로서는 아이를 낳지도 못하는 수컷을 생산해봤자 헛수고일 뿐이다.

이에 자연스레 '이제 수컷은 그만 낳지 뭐~'라며 진화 방향을 튼 중간 결과물이 바로 자성생산단위생식이라는 어중간한 생식 형태인 듯하다.

이는 무성생식, 즉 클론 번식으로 가기 직전 단계다. 마침내 수컷이 전혀 필요 없는 환경에 적응하게 되면 그때는 본격적으로 클론 번식을 시작할 것이다. 개인적으로 이 같은 특징을 지닌 이리응애라는 종은 생식의 진화 과정을 보여주는 중요한 생물이라고 생각한다(물론 실제 진화 과정을 알려면 상세한 계통 관계 분석이 필요하다).

'퇴화'도 진화의 일종이다

환경이 안정되면 수컷은 쓸모가 없다. 앞서 언급했듯이 아이도 낳지 않으면서 자원의 절반을 차지하는 수컷은 식충이나 다름없다. 그렇다면 차라리 수컷을 적게 낳는 편이 자손, 즉 유전자를 남기기에 유리할 테고, 그럴 바에는 아예 암컷만 낳는 게 번식 전략상 가장 효율적이다. 이에 자연스레 단위생식(parthenogenesis)*으로 진화하는 생물이 나타났다.

단 만에 하나 천재지변으로 먹이나 물이 사라지는 등 서식 환경이 급격히 바뀌면 단위생식으로 번식한 종의 멸종 확률은

---

* 암컷이 수컷과 접합하지 않고 단독으로 새로운 개체로 발달하는 생식 방법. 다만 체세포가 아닌 생식 세포에서 출발하며 수정 없이 새로운 개체를 낳는다는 점에서 무성생식과 다르다.-역주

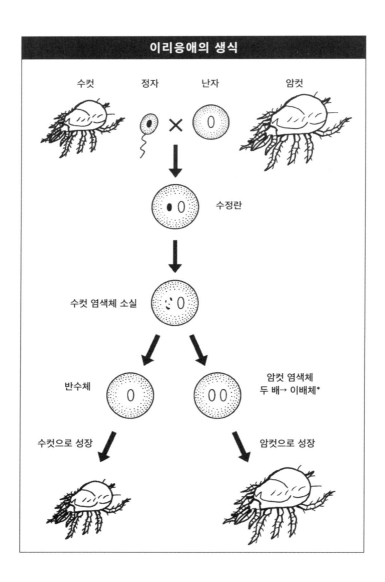

이리응애의 생식

수컷　정자　난자　암컷

수정란

수컷 염색체 소실

반수체

암컷 염색체
두 배→ 이배체*

수컷으로 성장

암컷으로 성장

단연 높아진다.

이리웅애도 지금은 괜찮지만 언제, 무슨 일로 멸종할지 알수 없는 일이다.

그렇게 생각하면 애써 진화시킨 유성 생식을 버리고 자성생산단위생식으로 바꾼 이리웅애는 언뜻 퇴화한 것처럼 보이기도 한다. 하지만 실은 이 또한 진화의 일종이다.

진화라는 단어에 '나아간다'라는 뜻의 한자(進)가 포함돼 있어 으레 좋은 쪽으로 발전한다는 의미로 생각하는 사람도 많은데, 실은 그렇지 않다.

생물의 진화 방향은 모두 환경이 결정한다. 그때그때 서식 환경에서 불리한 형질의 유전자는 제거되고, 반대로 해당 환경에서 생존하는 데 필요한 형질이라면 더욱 발달한다. 물론 그동안 생존에 유리했던 형질이 환경이 변하면서 사라지기도 한다. 마땅히 있어야 할 것 같은 형질이나 기능이 자취를 감추는데, 우리는 이를 두고 퇴화라고 하지만 이것도 엄연한 진화다.

이를테면 태곳적 인류에게도 있었던 꼬리가 사라진 것은 진화다. 필요가 없어졌기 때문에 꼬리가 없는 쪽으로 진화한 것뿐이다.

---

* 예를 들어 인간의 수정란에는 아버지로부터 받은 23개의 염색체 세트 하나와 어머니로부터 받은 23개의 염색체 세트 하나로 구성된 두 개의 완전한 염색체 세트가 갖춰져 있다. 이때, 23개의 염색체 세트 하나만 있는 정자나 난자를 반수체(haploid), 23개의 염색체 세트가 두 개인 수정란을 이배체(diploid)라고 부른다.-역주

동굴 등 깜깜한 곳에 서식하는 동물 중 상당수가 눈이 퇴화한 것도 이용 가치가 없는 눈을 만드는 데 쓰이는 자원이나 에너지를 다른 기관과 세포의 성장에 쓰는 편이 낫기 때문에 눈을 만들지 않는 방향으로 진화한 것이다. 하지만 동굴이라는 서식 환경이 사라지면 눈이 없다는 게 불리하게 작용해 멸종하는 종도 생길 수 있다. 그때그때 환경에 따라 유전자의 유불리가 바뀌면서 여태껏 압도적 다수를 차지했던 형질이나 계통이 갑자기 소멸하는 것, 이것이 생물의 진화 원리다.

도태되지 않으려 애쓰는 수컷들…

다시 수컷 이리웅애 얘기로 돌아가자. 나도 남자인지라 자기 유전자를 물려주지 못하는 수컷 처지에는 동정이 간다. 결과적으로 수컷 이리웅애도 정자 운반책에 불과했기 때문에 유전자 교환이 불필요해지면서 처분됐다고 볼 수 있다. 즉, 수컷 이리웅애의 정자는 암컷의 '성 선택(sexual selection)'*에 따라 소멸한 것이다.

자손을 낳는 기능이 암컷한테 있는 한 암컷은 절대 소멸하지 않는다. 반면에 수컷은 정자 운반책에 불과하다 보니 모든 수컷

---

* 동물의 암수 중 어느 한쪽이 번식을 위해 이성을 선택하는 과정에서 선택의 이유가 되는 형질이 설사 생존에 불리하더라도 진화할 수 있다는 개념으로, 번식의 결정권이 암컷에게 있다는 '암컷 선택 이론'과 암컷의 선택을 받기 위해서 수컷끼리 경쟁할 수밖에 없다는 '수컷 경쟁 이론'을 포함한다.-역주

이 살아남을 필요도 없고 최악의 경우, 암컷이 무성생식을 택함으로써 끝내 소멸하는 아픔을 겪을 수도 있다. 수컷이 생식 과정까지 도달해 자기 유전자를 남길 수 있느냐 없느냐는 암컷에게 달렸다. 그럼, 지금부터 암컷이 의도한 성 선택이란 무엇인지 알아보자.

생식 경쟁은 일종의 우수 유전자 쟁탈전이다. 생물은 다른 종은 물론이고 같은 종이라도 타 개체는 모두 적이기 때문에 무조건 남보다 자기 유전자를 조금이라도 많이 남기는 것이 중요하다. 이때 암컷과 수컷 사이에는 불평등이 발생한다. 암컷은 자손을 낳을 수 있기에 압도적으로 수컷에게 인기가 많다. 수컷은 자손을 낳을 수 없으니 무슨 일이 있어도 암컷을 차지해야 하며, 가능하면 조금이라도 더 많은 암컷에게 자기 정자를 내주어야 자신의 유전자 복제본이 늘어난다. 따라서 모든 암컷은 수컷에게 집요한 구애를 받는다. 반면에 모든 수컷이 암컷의 관심을 받을 수는 없다. 따지고 보면 암컷은 굳이 모든 수컷의 구애를 받아들일 필요가 없다. 오히려 자기 난자에 조금이라도 더 걸맞은 우수한 수컷에게만 교미를 허용해 생존력과 번식력이 뛰어난, 이른바 엘리트 자손을 낳는 것이 최종적으로는 자기 유전자를 퍼뜨리는 데 유리하다.

결과적으로 암컷은 수컷끼리 경쟁을 붙여 거기서 살아남은 강한 수컷만 선택하도록 진화했다. 이를 암컷의 선택에 따른 수컷의 도태, 즉 성 선택이라고 한다.

동물의 왕 사자 무리에서 우두머리는 성숙한 수컷이다. 우두머리는 적게는 몇 마리부터 많게는 열몇 마리에 이르는 암컷을 거느리며 하렘(harem)을 형성한다. 수컷이 암컷을 거느린다고 했지만, 실제로는 암컷 집단이 강한 수컷 한 마리를 선택한 것으로 보는 게 맞다. 참고로 우두머리는 수컷 간의 싸움으로 가린다. 암컷은 넓은 영역을 차지할 수 있는 강한 수컷 유전자를 확보하면 자기 자식도 강한 개체로 자라 생존할 확률이 높아진다고 여긴다.

만약 역으로 암컷끼리 싸움을 붙이면 어떻게 될까? 싸움에서 진 암컷은 무리를 떠나거나 죽임을 당하는데, 불과 한 마리라 해도 암컷을 잃는 건 종 전체에 큰 타격이다. 그에 비해 수컷 한 마리가 사라지는 건 대수롭지 않은 일이다(웃음). 이것만 봐도 수컷은 쓰고 버려지는 운명임을 알 수 있다.

진드기도 수컷끼리 경쟁하기는 마찬가지

아귀는 수컷 여러 마리가 암컷 몸에 기생하며 살다가 종국에 가서는 암컷과 동화된다. 그중 오직 한 마리 수컷만이 암컷의 선택을 받아 일생을 마친다. 심지어 사마귀 경우에는 교미 한 번에 목숨을 걸어야 한다. 움직이는 것은 뭐든 사냥감이라 여기고 잡아먹는 습성 탓에 수컷 사마귀는 암컷을 발견해도 섣불리 다가가지 못한다. 어떻게든 몰래 접근해 암컷이 방심한 틈을 타 단번에 등에 올라타야 교미에 성공할 수 있다. 자칫 실수라도 했다가는 허망하게 암컷의 희생양이 되어 무자비하게 잡아먹힌다. 암컷 포식자라는 장애물을 잽싸게 뚫은 수컷 유전자만이 후대로 대물림되는 것이다.

내 전공인 진드기 세계에서도 수컷 간 경쟁은 치열하다. 식물의 이파리에 기생하는 잎 진드기(Tetranychidae)는 암수 구별이 있고 교미도 한다. 하지만 암컷은 단 한 번의 교미로도 몸속의 정자 탱크가 가득 차서 교미를 더 한들 새로운 정자를 품을 수가 없다. 즉 수컷 진드기는 처녀 암컷과 교미하지 않으면 자기 정자를 수정시킬 수 없다. 그렇다고 눈앞에 지나다니는 암컷이 교미 경험이 있는지 없는지 구별할 수도 없다.

이에 수컷이 짜낸 전략이 아직 성충이 되지 않은 암컷 번데기를 확보하는 것이다. 수컷은 암컷 번데기에 올라타 사흘 밤낮을 식음도 전폐한 채 암컷이 탈피(ecdysis)*해 성충이 되기만을 오매불망 기다린다.

---

* 파충류나 곤충류가 자라면서 껍질이나 허물을 벗는 것-역주

이윽고 탈피가 시작되면 수컷은 허겁지겁 암컷의 탈피를 도와 막 세상 밖으로 나온 성충 암컷과 그 자리에서 교미한다. 인간의 상식으로는 꺼림칙하기 그지없지만, 수컷 진드기에게는 자기 유전자를 남기느냐 못 남기느냐가 걸린 절박한 순간이기에 인간이 이러쿵저러쿵 잔소리할 일은 아니다. 게다가 어렵사리 암컷 번데기를 찾았다고 해서 꼭 교미에 성공한다는 보장도 없다. 수컷 진드기가 번데기에 올라타 있으면 다른 수컷이 번데기를 가로채려고 달려들기 때문이다.

이때 수컷들은 평소 식물의 즙을 빨아먹을 때 쓰는 부리를 펜싱 검처럼 휘두르며 둘 중 하나가 죽을 때까지 싸운다. 이렇게 투쟁에서 승리한 수컷만이 처녀 암컷을 차지할 수 있다. 바꿔 말하면 암컷은 본인이 자는 동안 수컷끼리 경쟁을 붙여놓는 셈이다.

수컷으로 태어나 온전히 자신의 인생을 누리는 종은 인간 정도다. 인간 남자가 보기에 암컷 무리를 거느리는 사자가 부럽기도 하겠지만, 그것은 승자만 누리는 특권일 뿐 패자는 이리저리 방황하다 자손도 못 남긴 채 죽는 경우가 대부분이다.

일부러 핸디캡을 과시하는 수컷

암컷이 강한 수컷을 선택하는 궁극적인 목적은 태어날 자손의 생존 확률을 높이는 데 있다. 강한 수컷은 먹이도 잘 구해오고 영역도 확고해서 다른 수컷에게 습격당할 염려도 없다. 그런 뛰어난 형질의 유전자를 물려받은 자손은 마찬가지로 강한 수컷으로 성장해 다음 후손을 남길 확률이 높아진다. 그러니 암컷은 강한 수컷한테 매력을 느낄 수밖에 없다.

당연히 수컷은 자신의 힘을 암컷에게 적극적으로 과시하려고 든다. 이때 등장하는 것이 '핸디캡 이론(Handicap Principle)'이다.

알다시피 수컷 공작의 깃털은 호화찬란하다. 그런데 왜 굳이 그런 커다란 장식품을 몸에 달고 다니는 걸까? 눈에 잘 띄는 데다 무거워서 날 때 방해만 될 텐데. 거기다 천적한테 표적이 되기도 쉽다.

실은 수컷의 깃털은 암컷에게 잘 보이기 위한 도구다. 이렇게 큰 깃털을 달고 있어도 "봐봐. 멀쩡히 살아 있잖아? 대단하지?" 하며 암컷에게 자신의 건재함을 어필하는 것이다.

암컷은 "저런 요란한 장식을 달고도 살아남았으니, 먹이도 잘 찾고 몸싸움도 잘하는 모양이네. 분명 발도 빨라서 여차하면 도망도 잘 칠 거야. 저런 수컷의 자식이라면 훌륭하게 잘 크겠지"라고 판단해 되도록 화려한 깃털이 달린 수컷을 선택한다.

수컷 공작이 자신의 핸디캡인 '화려한 깃털'을 얼마나 잘 극복하는지 보여줌으로써 본인의 적응력, 즉 자손을 남길 확률을 과시하면 암컷에게 선택받을 가능성이 올라가는 것이다.

이렇듯 암컷에게 선택받으려면 과시가 필요하다. 물고기나 새도 주로 수컷 쪽이 몸 색깔이 화려하거나 우는 소리가 큰데, 마찬가지로 수컷의 두드러지는 특성이 암컷을 유혹해 짝짓기 확률을 올려주기 때문이다.

인간 남성한테도 비슷한 구석을 찾아볼 수 있다. 가령 술잔을 한 번에 비운다거나 높은 절벽에서 뛰어내리는 등 특히 여성 앞에서 허세를 부리며 자꾸 위험한 행동을 하려 드는데, 이는 "난 모험도 개의치 않는 배짱 있는 놈이야. 이겨낼 능력이 있다고. 그러니까 날 남자로 선택해!"라는 구애 본능이 발동하기 때문이다.

반대로 과거 지나치게 화려한 장식으로 멸종한 종족도 있다. 검치호랑이(Saber-toothed cat)와 큰 뿔 사슴인 메갈로케로스(Megaloceros giganteus)가 자기 발등을 찍은 대표적인 종이다. 이들은 무턱대고 큰 장식 탓에 환경 변화에 적응하지 못한 채 멸종하고 말았다.

DNA 복제 오류는 실패가 아닌 진화의 초석이었다

사실 진화가 좋기만 한 것은 아니다. 유전자는 제멋대로 이런저런 형질을 디자인하는데, 그게 우연히 서식 환경에 잘 맞고 다른 개체보다 생존에 유리하게 작용하면 집단 내에 퍼져 결국에는 기존 디자인을 대체하게 된다. 반대로 환경에 맞지 않는 기묘한 디자인은 채택되지 못하고 금세 멸종한다.

설령 지금은 적합한 디자인이라도 환경이 바뀌면 갑자기 생존에 불리해져 사라지는 일도 있다. 그렇다 보니 유전자는 늘 환경 변화에 대비해 시행착오를 반복한다. 단 유전자에 사고능력이 있는 건 아니다. 정확히 말하면 유전자가 제멋대로 시행착오를 반복하다가 어떤 변이가 우연히 환경에 잘 맞으면 살아남는 것이고 맞지 않으면 사라지는 것이다.

현존하는 생물의 디자인도 우리 인간을 포함해 결코 완성형이라 할 수 없다. 그저 우연히 지금 환경에 잘 맞아서 자리를 잡았을 뿐, 어디까지나 시행착오의 중간 결과물에 지나지 않는다.

한편 딱히 특징도 없고 독도 아니고 약도 아닌, 어중간한 형질이 도태하지 않고 어정쩡하게 살아남을 때도 있다. 이는 진화가 눈에 보이는 형질이 아닌 유전자의 본체라고 할 수 있는 DNA상에서 일어나고 있다는 뜻이다.

진화는 DNA에서도 일어난다. 더 정확히 말하면 생물의 진화는 DNA에서부터 시작한다. 다소 늦은 감이 있으나 지금부터 DNA에 관해 알아보자. DNA는 아데닌(adenine), 구아닌

(guanine), 티민(thymine), 시토신(cytosine)이라는 4종의 염기(base)*
로 연결되어 있고, 각 머리글자(AGTC)의 배열 순서에 따라 생
물의 다양한 기능과 형질이 결정된다. DNA는 세포 분열이 일
어날 때마다 정확하게 복제돼 새로운 세포에 담기는데, 아주 가
끔 복제 오류가 발생할 때가 있다. 예를 들면 AAGCCTTCC를
AACCCTTCC로 염기 하나를 잘못 복제하는 것이다.

이 같은 복제 오류를 돌연변이라 하며, 이때 새로운 DNA
가 탄생하게 된다. 그리고 이 새로운 DNA가 후대로 이어진다.
그렇게 세대를 거듭하는 과정에서 또 돌연변이가 발생해 새
로운 DNA가 만들어지고 다시 후대로 대물림되는데, 이를 두
고 DNA상에서 벌어지는 진화, 전문 용어로 '분자 진화(molecu-
lar evolution)'라고 한다.

'아니, 생물의 형태가 바뀌는 게 진화 아냐?'라고 생각하는 독
자도 있겠지만, DNA의 염기배열이 바뀐다는 건 DNA 형태에
변화가 일어났다는 것을 의미하며, 이 또한 엄연히 진화라 할
수 있다. 단 바뀐 DNA가 생물의 생리적 기능이나 표면상의 변
화를 불러오는 경우는 극히 드물다. 바꿔 말하면 DNA에 약간
의 변이가 생긴다 한들 생물 형태는 거의 바뀌지 않는다. 그래
서 분자 수준의 진화는 대부분 이렇다 할 특징이 없는 어중간한

---

* DNA나 RNA의 구성 성분인 질소를 함유한 고리 모양의 유기 화합물-역주

형태, 즉 '환경에 대해 중립적'인 형태로 일어난다.

극히 드물게 형태나 기능에 변화를 일으키는 변이가 있기도 하지만, 대부분은 기존 형태나 기능에 부합하지 않아 집단에서 종적을 감추기 마련이다. 아주 드물게 생존에 더 유리한 형태나 기능과 결합한 변이 유전자만이 집단에서 살아남아 형태나 기능의 진화를 일으킨다. 따라서 DNA 진화가 생물 형태나 기능의 진화로 드러나기까지는 엄청나게 긴 시간을 요구한다.

게다가 생물이 지닌 DNA에서 형태나 기능을 담당하는 유전자 영역은 극히 일부이고, 나머지 대부분은 기능성이 없는 중립 영역이다. 이처럼 유전자 자체가 진화하는 과정에서 불필요해진 유전자 영역이나 복제 실패작이 쌓여 생긴 영역을 정크 DNA(Junk DNA), 또는 쓰레기 DNA라고 한다. 이런 영역에서 생긴 변이는 생물 형태를 구성하는 데 아무 영향도 미치지 않으면서 무작위로 일어나고 무작위로 축적된다. 즉 환경과는 무관한 진화를 거듭하는 것이다.

하지만 이 무의미하고 쓸데없는 DNA 영역에서 일어나는 무의미하고 쓸데없는 분자 진화도 생물의 혁신적 진화, 즉 종의 진화로 이어질 수 있다. 이 쓸데없는 영역에서 DNA가 자유롭게 염기치환(base substitution)*을 반복하는 사이, 우연히 기존에

---

* DNA 분자 중에서 어느 염기가 다른 염기로 인해 바뀌는 것-역주

없던 새로운 형질이 발명될 수도 있기 때문이다. 어쩌면 정크 DNA는 잠재적으로 환경에 유리한 새로운 유전자 부품을 보관하는 역할을 하는 중인지도 모른다.

더욱이 최근 연구에서 그간 쓰레기 취급을 받던 정크 DNA 영역이 유전자 발현을 조절하는 곳이라는 가설이 제기되면서 실은 정크 DNA가 쓰레기가 아닌 굉장히 중요한 영역일 수 있다는 논의가 일고 있다.

심지어 인간의 정크 DNA를 자세히 조사한 결과, 어쩌면 그 기원이 바이러스일지 모른다는 놀라운 가설도 나오고 있다.

즉 지금껏 인간이라는 생물의 진화 과정은 바이러스의 DNA 정보와 인간 DNA가 결합한 결과물이라는 것이다. 이렇듯 생물은 쓸만한 재료는 무엇이든 이용해 진화라는 도전을 멈추지 않는 존재다.

DNA 진화는 지금도 세계 각지에서 연구가 진행 중인 전도유망한 분야인 만큼 앞으로도 새로운 지식과 발견이 기존의 가설이나 정설을 뒤엎는 일이 계속될 것이다.

다만 한 가지 분명한 것은 진화란 '유전자(DNA)의 끊임없는 시행착오'이며, 이 '연속된 시행착오(지속적인 변화)'야말로 생물의 본질이자 수십억 년에 이르는 유구한 세월 동안 인간이 생존할 수 있었던 가장 큰 이유라는 점이다.

생물학적으로 수컷은 슬픈 생명체였다

앞서 언급한 핸디캡 이론은 영국의 생물학자 찰스 로버트 다윈(Charles Robert Darwin, 1809~1882)의 위대한 발견인 성 선택 이론에 근거를 두고 있다.

실제로 많은 생물의 진화가 다윈이 주장한 성 선택 이론대로 이루어지고 있다. 수컷은 암컷을 얻기 위해 치열하게 투쟁하며 암컷은 수컷의 투쟁을 날카로운 눈으로 주시한다.

따라서 생물 중 대다수는 수컷끼리 싸운다. 그리고 그 싸움의 목적은 암컷이다. 경쟁에서 살아남아야 암컷을 차지할 수 있는 사회이기 때문이다.

인간도 아이를 낳는 주체는 역시 암컷이다.

흔히 인간 사회에서는 부부가 결혼해 아이를 낳는 즉시 아버지의 존재감이 희미해진다고 한다. 사실 생물학적으로 보면 틀린 말도 아니다. 수컷은 정자를 운반하는 도구일 뿐이다. 이제는 여성도 수컷의 도움 없이 혼자서 생활에 필요한 자원(돈이나 식량)을 구할 수 있다 보니, 아버지란 존재는 유전자만 자식에게 전달되면 더는 필요치 않다고 느끼는 사람도 있을 것이다. 나도 남자라 말은 이렇게 하면서도 괴롭기는 하다(웃음). 하지만 어느 날 천재지변으로 아버지와 자식의 목숨이 동시에 위태로워졌을 때, 둘 중 한쪽만 구할 수 있다면 거의 모든 어머니는 무조건 아이부터 구하지 않을까? 그게 생물의 본능일 테니.

생물학적으로 보면 수컷은 슬픈 존재다. 암컷에게 시험당하며 눈에 들려고 안간힘을 쓰거나, 다른 수컷과 싸우며 늘 구애에 목숨을 걸어야 한다. 거기다 암컷과 교미에 성공하지 못하면 일찌감치 천적이나 동료한테 잡아먹히거나 암컷보다 일찍 수명이 다해 짧은 생을 마치는 것이 수컷의 인생이다.

다만 현대 인간 사회에서는 독신 남자라도 살벌한 자연 선택의 원리에 구애받지 않고 멀쩡히 살아서 나름대로 자신의 인생을 계속 영위한다. 실로 고마운 일이다. 세상 남자들은 인간으로 태어난 걸 감사한 줄 알아야 한다.

포유류계의 정자왕 꿀 주머니쥐

이제는 수컷과 암컷, 남자와 여자 간의 몸집 차이에 따른 신기한 교미 이야기를 해볼까 한다.

생물은 전반적으로 암컷의 몸집이 더 큰 경우가 많다. 새끼

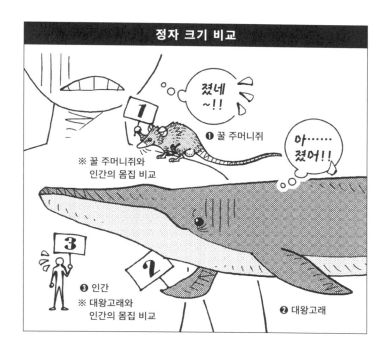

를 낳고 길러야 하는 암컷은 그만큼 체력과 에너지가 필요하기 때문이다. 반면에 수컷은 정자만 옮기면 그만이다.

따라서 암컷이 출산과 육아를 도맡아 하는 종이라면 수컷은 몸집이 클 필요가 없다. 다만, 생활 터전이 필요하거나 암컷과 아이를 천적이나 다른 수컷으로부터 지켜야 하는 경우라면 수컷도 강한 힘과 커다란 몸집으로 자신을 무장하는 쪽으로 진화한다.

그런데 무장 없이도 수컷끼리 치열하게 경쟁을 벌이는 동물이 있다.

호주에 서식하는 꿀 주머니쥐(Tarsipes rostratus)라는 유대류(有袋類)*가 그 주인공이다. 몸길이는 15센티미터에서 20센티미터 정도고 입이 뾰족한, 쥐처럼 생긴 동물인데 먹이라고는 꽃의 꿀과 과즙이 전부라 수컷도 암컷도 그저 먹기에 바쁘다. 시종 끊임없이 먹어야 해서 교미를 위해 경쟁할 틈도 없다.

그래서 꿀 주머니쥐의 번식은 난교(亂交)가 특징이다. 암컷은 아무하고라도 교미만 하면 된다는 식이다. 수컷도 닥치는 대로 교미한다. 결과적으로 누가 누구의 자식인지 알 수 없지만, 그 와중에도 엄연히 수컷 간 경쟁이 존재한다.

바로 암컷의 몸으로 들어간 정자끼리 벌이는, 난자를 향한 속도 경쟁이다. 여기서 이기려면 정자의 운동 능력이 높아야 한다. 즉 생물 개체가 아니라 정자끼리 경쟁을 벌이는 것이다.

이 과정에서 정자는 운동 능력을 높이기 위해 점점 커졌고, 이를 저장하는 고환도 거대해졌다. 그 결과 꿀 주머니쥐는 포유류 중에서 체중 대비 가장 큰 고환을 지니게 되어 마치 일본 설화 속에 등장하는 너구리 요괴** 같은 상태가 되었다.

---

* 캥거루나 코알라처럼 육아낭을 지닌 포유류-역주
** 생식기를 자유자재로 늘려 우산이나 나룻배, 다다미 등으로 변신하는 일본의 대표적인 전통 요괴 중 하나-역주

대개 몸집이 큰 동물일수록 정자도 크다. 하지만 몸집이 고작 쥐만 한 꿀 주머니쥐는 정자 간 경쟁으로 대왕고래보다도 큰 정자를 갖게 됐다. 이 정자 간 경쟁도 수컷 간 경쟁이기는 마찬가지다. 이처럼 생물은 때때로 보이지 않는 곳에서 남모르게 경쟁을 벌이기도 한다.

고등동물의 경우, 곳곳에서 치열하게 싸우는 수컷을 목격할 수 있다. 일례로 곤충류는 대다수가 육아는 하지 않고 계속 낳기만 하다 보니 수컷은 몸집이 작고 암컷은 큰 종이 많아졌다.

그런 곤충류 중에서도 이색적인 번식 양상을 보여주는 것이 물장군(Kirkaldyia deyrolli)이다. 물장군은 암컷이 낳은 알을 수컷이 지킨다. 평소 암컷은 물속에서 서식하다 산란기가 되면 수면 밖으로 나와 풀이나 나뭇가지에 알을 낳는다. 알의 위치가 물에 가까우면 적의 먹이가 되기 때문이다. 수컷은 높은 곳에 둔 알이 마르지 않도록 부지런히 물을 나르며 알을 보호한다. 문제는 알 근처로 수컷의 내연녀 암컷이 찾아온다는 것이다. 내연녀는 수컷을 내쫓으며 알을 망가뜨리려고 한다. 내연녀 암컷이 보기에 다른 암컷이 낳은 알은 장래에 자기 자식을 위협하는 경쟁상대이기 때문에 생육을 방해하려는 것이다.

수컷 물장군은 처음에는 내연녀에게 저항하며 알을 지키려고 노력한다. 하지만 알이 망가지면 더 이상의 싸움은 포기한다. 심지어 알이 다 망가졌다 싶으면 태도를 싹 바꿔 내연녀한 테 구애하고 교미까지 한다. 수컷이 보기에 잃어버린 알에 미련을 갖기보다 차라리 지금 눈앞에 있는 암컷과 빨리 교미해서 자기 유전자가 담긴 알을 낳는 편이 더 효율적이기 때문이다. 어차피 살면서 다음 암컷을 만날 수 있을지 없을지도 모르는데 끙 끙대고 있을 여유가 어딨겠나. 알을 잃는 순간, 수컷은 유전자를 남겨야 한다는 본능에 다시 불이 켜진다. 참 막돼먹은 처사지만 유전자를 남기겠다는 궁극적인 목적을 이루려면 이게 최선이다.

털진드기류(Trombiculid) 중에는 더 희한한 방법으로 교미하는 종도 있다. 몸에 새빨간 융단 같은 화려한 털을 두른 이 진드기는 평소 토양 속 작은 곤충 등을 잡아먹으며 서식하다가 번식할 때가 되면 수컷이 암컷에게 다가가 어깨를 두드리며 주위에서 춤을 춘다.

수컷의 몸짓이 마음에 들면 암컷은 멈춰 서서 수컷의 구애를 받아들인다. 다른 동물 같으면 그 자리에서 바로 교미를 시작하겠지만, 수컷 털진드기는 암컷이 멈춰 서면 그제야 자신의 정자 주머니를 성냥개비처럼 땅에 꽂기 시작한다.

그리고 다 꽂으면 수컷은 암컷에게 눈길 한번 주지 않고 어디론가 가버린다. 뒤이어 암컷이 그 막대기에 올라타 자신의 생식기에 정자 주머니를 집어넣으면 이로써 교미는 끝난다.

이 과정에서 수컷은 고작해야 암컷의 어깨만 만졌을 뿐이다. 인간의 상식으로는 정말이지 애처롭기 그지없는 이야기다…….

인간도 아주 옛날에는 난교했었다고?

어쩌다 보니 정자 이야기만 했는데, 참고로 인간도 영장류 중에는 고환이 큰 부류에 속한다. 난교하는 종은 꿀 주머니쥐와 마찬가지로 정자 간 경쟁 때문에 고환이 커진다고 한다.

일례로 침팬지는 무리 내에서 난교하는 동물이라 고환이 크다. 반면에 고릴라는 일부다처제지만 암컷을 독점하기 때문에 정자끼리 다툴 필요가 없어 고환이 작은 편이다. 인간의 고환은 침팬지와 고릴라의 중간 정도다. 꽤 큰 편인 걸로 봐서 우리 선조도 침팬지만큼은 아니지만, 특정 상대 외에 다른 이와도 교배하는 '불륜'을 일삼았던 것으로 짐작된다.

그러나 최근 연구에 따르면, 인간은 오래전부터 일부일처제가 부부 관계의 기본이었다는 설도 제기되고 있다.

알다시피 인간은 정글에서 뛰쳐나와 숲속이 아닌 평원에서 이족보행(bipedalism)으로 사는 길을 택했다. 덕분에 두 발로 선 채 커다란 뇌를 목으로 지탱할 수 있게 되었다. 그러나 두뇌가 점점 발달하면서 머리가 무거워지자 직립 보행 자세로는 태아를 다 클 때까지 뱃속에 품기가 힘들어졌고, 끝내 미숙아인 상태로 아이를 낳게 됐다. 야생동물은 대부분 태어나자마자 자력으로 일어서서 걷기 시작해 금세 부모와 동행한다. 침팬지도 새끼가 어미의 등이나 배에 야무지게 매달려 있는 모습을 볼 수 있는데, 그 덕에 어미는 스스로 먹이를 구하는 데 어려움이 없다.

반면에 인간의 경우, 갓난아기는 스스로 움직이지도 엄마 몸에 매달리지도 못한다. 엄마는 아기를 돌보느라 혼자서는 먹을 것조차 구하기 어려워 필연적으로 남편(아이 아빠)의 힘을 빌려야 한다.

아이 아빠도 부인과 자식을 방치했다가는 자기 유전자를 물려받은 아이가 살아남을 확률이 0에 가까워질 게 분명한 만큼, 좋든 싫든 육아 중인 부인한테 부지런히 먹이를 제공해야 한다.

그리하여 인간 부부 사이에는 아내가 육아, 남편이 수렵과 채집을 담당하는 분업 시스템이 발달했다. 물론 수컷 한 마리가 여러 암컷과 아이를 부양할 수 있다면 인간도 고릴라처럼 일부다처제가 됐을 것이다. 그러나 이족보행에다 신체 구조도 연약한 수컷 인간은 그렇게까지 많은 양의 먹이를 한꺼번에 다 구하지 못해 그저 암컷 한 마리와 아이를 잘 키우는 것이 최선이라고 여기다 보니 필연적으로 일부일처제가 정착한 게 아닐까?

그래도 수컷은 수컷. 인간이라도 수컷한테는 본능적으로 가능한 한 많은 암컷과 교미하려는 성질이 잠재해 있다. 틈만 나면 다른 암컷과도 정을 통하려고 하는 게 바로……수컷, 즉 남자의 기질이다. 그렇다고 가만히 있을 암컷(부인)이 아니다. 남편이 다른 여성한테 먹이를 가져다줬다는 건 자신과 자식의 생명을 위협하는 일이다. 무슨 일이 있어도 남편, 즉 아이 아빠가 매일 먹이를 자신에게 가지고 오게 해야 한다. 그러려면 남자를 붙잡아둘 무언가가 필요했다. 그리고 다소 엉뚱할지 모르나 나는 그 무언가가 인간만의 독특한 섹스 방식에 있지 않았을까……생각한다.

'섹스'는 생물학에서 가장 재미있는 주제

그럼, 본격적으로 섹스라는 행위에 관해 얘기해보자. 사실 인간의 성과 성행위는 전문가 사이에서도 치열한 논쟁거리라 애초에 나 같은 진드기 학자가 끼어들 만한 분야가 아니다. 거기다 성에 관해서는 여태껏 설명한 수컷과 암컷의 진화 이야기를 포함해 다양한 설이 존재한다. 그러니 여기서 언급하는 내용은 어디까지나 내 나름대로 해석한 '진화학적 망상'이라고 여기고 읽어주길 바란다.

여러분은 혹시 영장류 중에서도 인간만이 섹스할 때 정상위(正常位)*로 한다는 사실을 알고 있는가? 사실 정상위는 후배위(後背位)**에 비해 상당히 위험한 자세다. 후배위의 경우, 행위 중에 적의 습격을 받으면 암컷과 수컷 모두 재빨리 도망칠 수 있다. 하지만 정상위는 도망치는 자세를 취하기까지 시간이 걸린다. 생태학적으로는 생존에 적합한 자세라 할 수 없다. 그럼에도 인간한테 유독 이런 체위가 발달한 것은 우리가 애정 가득한 섹스를 원했기 때문이라고 생각한다.

인간은 동물적 본능을 뛰어넘어 남녀 간의 '사랑'이라는 유대감을 바탕으로 일부일처제를 공고히 해왔다. 자연스레 섹스는 부부간의 애정을 확인하는 행위로 진화했다. 정상위는 남녀가 마주 보며 서로의 감정을 읽고 쾌감을 통해 사랑을 확인하는 자세다. 거기다 체모가 없어지면서 인간은 피부와 피부를 통해 전해지는 감촉과 체온으로 한층 애정을 느끼게 되었다. 실제로도 인간의 피부는 지극히 민감한 데다 성감대가 무수히 발달해 있다(단, 이는 사람에 따라 차이가 클지도 모른다).

이 밖에도 인간에게는 두드러진 성적 특징이 있는데, 바로 수컷(남성)의 음경(penis) 크기다.

---

* 여성이 아래에 누워 다리를 벌리고 남성이 위에서 덮는 자세-역주
** 엎드려서 두 팔과 두 다리로 몸을 지탱하고 있는 여성의 배후에서 남성이 무릎을 꿇고 성기를 삽입하는 자세-역주

다른 영장류에 비해 수컷 인간은 성기가 매우 크다(물론 개인차는 있겠으나, 평균치가 크다는 소리다⋯⋯). 기능적으로는 별 의미가 없어 보이는 이 음경 크기는 여성을 기분 좋게 해주려고 진화했는지도 모른다. 참고로 침팬지나 보노보 같은 유인원의 음경에는 음경 골(penis bone)이라는 막대 모양의 뼈가 있다. 음경 골은 야생 포유류한테도 볼 수 있는데, 교미할 때 암컷에게 통증을 주어 암컷의 성적 욕구(발정)를 억제하고 다른 수컷과의 교미에 소극적으로 만들어 자기 정자를 수정시킬 확률을 높이려는 수컷의 전략에서 비롯된 진화 양상으로 짐작된다.

한편 인간한테는 음경 골이 없다. 퇴화한 것이다. 이 막대 모양의 뼈가 사라지는 쪽으로 진화한 것도 남성이 여성과 사랑이 담긴 섹스를 원했기 때문인지도 모른다.

여성의 가슴, 즉 유방에도 다른 동물에게는 없는 특징이 있다. 야생동물은 대부분 따로 발정기(estrus)가 있어 이때 배란(ovulation)*이 일어나 집중적으로 교미가 이루어진다. 이는 천적한테 습격당할 위험을 분산하고 번식률을 높이기 위해 성적 욕구가 강해지는 기간을 개체끼리 동기화함으로써 집단 전체가 비슷한 시기에 교미하도록 진화했기 때문이다.

그리고 대다수 동물의 암컷은 자신이 생식 기능이 있고 수정

---

* 여성의 난소에 성숙한 난자가 배출되는 현상-역주

과 임신이 가능하다는 걸 수컷에게 어필하기 위해 발정기에만 유방이나 성기를 크게 부풀린다.

하지만 인간 여성의 가슴은 늘 크게 부풀어 있으며 큰 변화가 없다. 애초에 인간에게는 다른 동물처럼 특정 계절에 찾아오는 발정기라는 게 없다. 오히려 여성은 한 달에 한 번씩 돌아오는 배란기(ovulatory phase) 덕에 연중 수정과 임신이 가능해졌다. 게다가 이렇게 짧은 주기로 돌아오는 번식 가능 기간에도 특별히 가슴이나 성기의 크기가 달라지지 않아 오히려 자신이 언제 임신이 가능한지 남성에게 드러내지 않는다고도 볼 수 있다.

여성의 가슴이 풍만하게 진화한 것은 성적인 매력을 강조하기 위해서라는 설이 있다. 그 이유는 인간이 이족보행을 하면서 남녀가 항상 서로의 몸을 마주 보게 됨에 따라 여성이 풍만한 가슴을 강조해 출산과 양육 능력을 과시함으로써 남성의 마음을 사로잡았다는 것이다.

한편, 남자는 여성의 배란기, 즉 임신 가능 시기가 드러나지 않아 자신이 사랑하는 상대(파트너)와 언제 교미해야 할지 가늠할 수가 없게 됐다. 결국 남성은 언제든지 아이를 가질 수 있도록 1년 내내 발정이 가능한 상태로 진화해야 했다.

거기다 남성이 보기에 상대 여성이 1년 내내 임신이 가능하다는 건 파트너가 자기 말고도 언제든 다른 남성의 아이를 품을 위험도 있다는 뜻이다. 이에 극도로 초조해진 남성은 1년 내내 상대를 아껴주며 선물을 갖다 바치기도 하고 얼른 귀가해 감시도 해야 하는 상황이 됐다.

한마디로 남성 쪽 질투심이 싹트는 것이다. 결과적으로 여성은 항상 정해진 남성에게 보호받게 됐다. 즉 여성의 가슴과 배란주기는 남성의 마음을 붙들어놓기 위한 전략적 도구로 진화했다고 볼 수 있다.

이처럼 인간의 섹스가 사랑에 바탕을 두고 진화한 것은 남성과 여성 양쪽의 성적 특징에서 생겨난 일부일처제라는 생식 시스템을 더욱 공고히 하기 위해서였다.

여담이지만 현대 사회에서 발생하는 스토커 사건의 주범은 통계적으로 남성이 더 많다고 한다. 혹시 인간의 성이 진화하는 과정에서 남성이 여성의 진화 전략에 농락당한 끝에 집착하는 마음이 생겨난 것은 아닐까? 집착은 결국 질투로 진화하는 법이다. 스토커 행위는 질투가 비정상적으로 진화한 산물일지도 모른다.

인간의 삶에서 연애와 섹스, 출산은 큰 이벤트다. 따라서 성은 그것이 생물적 본능인 이상, 인간의 공통된 화제이자 관심사이며 고민일 수밖에 없다. 골치 아픈 인간의 삶도 다른 생물의 본성과 대조해보면 의외로 이해가 되고 공감 가는 부분이 많아 놀랍기도 하고 감동적이기까지 하다.

역시 성은 생물학에서 가장 흥미로운 주제다.

앞서 말한 인간의 성이 일부일처제를 바탕으로 진화했다는 학설도 어디까지나 하나의 가설에 지나지 않는다. 지금도 인간의 성의 진화, 나아가 인간이라는 존재의 진화에 관해서는 새로운 연구와 논의가 속속 이루어지고 있다. 그만큼 진화학 중에서도 인간의 성은 논란거리이자 현재 진행형 화두인 것이다.

생물학의 거인, 다윈이 주창한 진화론이란

생물의 진화를 논할 때 빼놓을 수 없는 인물이 다윈이다. 앞으로 할 이야기는 그를 언급하지 않고는 이어갈 수 없는 만큼, 이쯤에서 다윈의 진화론(Evolutionary Theory)을 정리해보고자 한다.

다윈의 진화론은 그야말로 현대 생물학의 기초가 되는 중요한 이론이지만, 진화론이라고 하면 막연히 난해하게 느끼는 사람이 적지 않다. 실제로 생물학이나 생태학 전문서 또는 인터넷에 나오는 해설 같은 걸 읽어보면 무턱대고 어렵고 딱딱하게 설명해

놓은 것이 많아서 오히려 이해를 방해하는 구석이 있다. 대체로 학자나 전문가 같은 부류는 사물을 어렵게 설명할 줄은 알아도 쉽고 간단하게 전달하는 재주는 없는 경우가 많은 데다 개중에는 일부러 어렵게 전달하려는 사람도 적지 않기 때문이다(웃음).

다윈의 진화론이란 쉽게 말해 생물은 끊임없이 변화하며 그 과정에서 살아남아 많은 자손을 남기기에 유리한 형질을 지닌 개체가 불리한 형질의 개체를 밀어내고 생태계에서 다수를 차지하는 데 반해 불리한 형질의 개체는 끝내 멸종한다는 이론이다.

즉 생물의 세계는 개체 간에 생존과 번식, 즉 자기 유전자를 남기기 위한 치열한 경쟁의 장이며, 특정 환경에서 생존율과 번식률이 높은 개체가 살아남아 자신의 형질을 집단에 퍼뜨리고 정착시킨다. 그 과정에서 각각의 서식 환경에 특화된 생물 집단이 형성되는데, 이것이야말로 다양한 종이 탄생하는 원동력이라고 주장하는 이론이 바로 진화론이다.

다윈의 진화론을 기술한 책 제목이 『종의 기원』인 이유도 여기에 있다. 원제는 '자연 선택을 통한 종의 기원에 관하여 또는 생존 투쟁에서 선호된 품종의 보존에 관하여(On the Origin of Species by Means of Natural Selection or the Preservation of Favoured Races in the Struggle for Life)'이다.

다윈은 이 이론을 몸소 떠난 탐험 여행으로 얻은 관찰 데이터에서 착안했다고 한다. 그는 1800년대에 비글호(HMS Beagle)라는 군함을 타고 영국에서 출발해 5년간 전 세계 해양을 두루 돌면서 대륙과 섬에 서식하는 다양한 생물을 관찰하고 화석을 발굴했다. 그렇게 조사를 거듭한 결과, 그는 왜 이 지구상에는 다양한 종이 존재하며 왜 종마다 서식지가 다른지, 나아가 화석에서만 확인되는 생물 종은 왜 멸종했는지 같은, 시공간에 따른 생물의 다양한 존재 메커니즘에 관심을 가지고 그 원리로서 '생물은 늘 변화를 거듭한다'라는 이론을 내놓은 것이다. 언뜻 난

해해 보이는 진화론도 알고 보면 실로 간단하고 당연한 원리를 담고 있을 뿐이다.

진화론 이전에는 '생물 종은 신이 만들었다'라는 기독교의 창조론(Creationism)이 주류로 여겨졌던 만큼, 다윈의 이 같은 주장은 당시 생물학의 개념을 뿌리부터 뒤흔들었으며 생물학의 향후 진보를 뒷받침하는 혁신적인 것이었다.

하지만 다윈의 진화론은 잘못 해석되기 쉬운 이론이기도 했다. 다윈의 진화론에서는 다양한 형질의 개체끼리 생존경쟁을 거듭한 결과, 서식 환경에 상대적으로 유리한 성질을 가진 개체가 더 많이 살아남고 더 많은 자손을 남긴다고 주장한다.

즉 자연환경 자체가 적응력이 뛰어난 생물만 남기고 약한 생물을 걸러내는 거름망 역할을 한다는 것이다. 이처럼 자연환경이 생물을 선별하는 과정을 '자연 선택'이라고 한다.

자연 선택은 늘 역동적이라 환경이 바뀌면 거름망 모양도 바뀌고 자연히 걸러지는 형질도 달라진다. 따라서 유리한 형질과 불리한 형질을 가르는 기준은 시대와 함께 변하거나 뒤바뀔 수 있다. 그러나 세상에는 생물의 형태나 성질에 완성형이 있을 수 없다는 점을 간과하는 사람이 많다.

그런 사람들은 자연계에는 약육강식과 적자생존 원리에 따라 약한 개체나 쓸모없는 형질은 모두 도태되고 뛰어난 생물만 살아남는다는 식으로 진화론을 해석하기도 한다.

그리고 그렇게 해석하는 사람들 눈에는 자연계나 인간 사회에서 언뜻 쓸모없어 보이는 형질의 개체나 상대적으로 연약해 보이는 개체, 혹은 평범함과는 거리가 있어 보이는 인물은 불완전하거나 적합하지 않은, 또는 미덥지 못한 무능한 존재로 비치는 경우도 많은 듯하다.

진화의 진정한 의미는 생물은 시행착오를 거듭하지만 그 결과물, 즉 바뀐 형태나 성질이 정답인지 오답인지를 정하는 건 오직 당시의 자연환경일 뿐, 인간이 정할 일은 아니라는 데 있다. 더욱이 생물은 설령 지금의 형질이 정답이라 해도 언젠가 또 달라질지 모르는 환경의 불확실성에 대비해 끊임없이 변화하며 새로운 유전자 변이를 만든다.

그리고 생태계에는 의외로 인간의 눈에는 쓸모없어 보이는 형질이 살아남기도 하는데, 언뜻 부질없어 보이는 형질에도 실은 엄연한 존재의 의미가 있다.

게으름뱅이 일개미한테도 존재의 의미는 있다

이 사례를 입증한 사람이 바로 필자가 주목하는 일본의 곤충학자인 홋카이도 대학의 하세가와 에이스케 준교수다. 생태학 분야에서는 공전의 히트를 기록한 『일하지 않는 개미』의 저자이기도 하다. 저서 제목대로 하세가와 교수는 개미집에서 일도 안 하고 빈둥대기만 하는 일개미가 존재하는 이유를 밝혔다.

개미라는 곤충은 유전적 구조가 특이한데, 기본적으로 모든 개체가 암컷이고 수컷은 짝짓기 시기에만 태어난다. 그리고 여왕개미와 그 딸들인 일개미로 구성된 가족 단위로 살아간다. 일개미는 오직 자신들의 집을 지키기 위해 먹이를 구해오고 여왕이 낳은 자식을 키우며 적의 침입을 막는 등의 역할을 하는데, 평생 자신에게 주어진 사명을 다하도록 유전적으로 프로그램되어 있다.

일개미의 이러한 습성은 자신의 유전자를 공유한 자매들의 생존율을 올리고, 나아가 일개미 유전자가 다음 세대로 이어질 확률을 최대한 높이는 데 도움이 될 수 있다. 이 같은 개미의 철저한 사회 시스템을 '진사회성(eusocial)'*이라고 한다.

다윈의 자연선택설에 따르면, 진사회성 곤충이 사는 둥지에서는 모두가 좋든 싫든 일꾼이 돼야 한다. 만약 조금이라도 농땡이를 부리는 놈이 있으면 먹이나 거처를 두고 다른 무리와 벌이는 경쟁에서 밀리기 때문이다. 따라서 게으름뱅이가 존재할 여지 따위는 이론상으로는 손톱만큼도 없다.

---

* 두 세대 이상의 구성원이 함께 살면서 협력하고 이타적으로 행동하는 것-역주

그러나 현실은 이론과 다른 법이다. 실제로 개미집을 살펴보니 부지런히 움직이는 일개미 사이에서 시치미 뚝 떼고 하는 일 없이 종일 빈둥대기만 하는 '게으름뱅이'가 존재한다는 사실이 밝혀졌다. 게으름뱅이라도 밥은 먹어야 하니 끼니는 꼬박꼬박 챙긴다. 그야말로 식충이가 따로 없다. 이렇게 게으른 일개미가 얹혀사는 개미집은 만약 구성원 전체가 부지런한 일개미로 구성된 개미집이 있다면 경쟁에서 밀려 자손을 남기기 힘들어진다. 자연스레 게으름뱅이를 만드는 유전자는 자연계에서 도태되어 소멸할 것이다.

하지만 알고 보니 게으름뱅이한테도 존재하는 이유가 있었다. 실제로 개미집에서 일개미를 제거하자 여태껏 빈둥거리던 개미가 일꾼으로 변모해 부지런히 움직이기 시작한 것이다. 아무래도 이 게으름뱅이는 자기 거처에서 일개미가 부족해졌을 때, 노동력을 보충하기 위한 예비군인 듯했다. 만일 예비군 없이 개미집의 모든 개미가 노동에 동원된다면 예기치 못한 사태가 벌어졌을 때 노동력에 공백이 생긴다. 개미집은 처음부터 만일의 사태까지 염두에 두고 게으름뱅이도 같이 살도록 유전적으로 프로그램되어 있었던 것이다.

게으름뱅이를 예비군이라고 바꿔 부르기만 해도 이미지는 확 달라진다. 결국 게으름뱅이라는 꼬리표는 인간의 선입견이 불러온 것일 뿐, 실제 그들은 잠자코 에너지를 비축하며 만일의 사태에 대비하는 일을 하고 있던 것이다.

이 밖에도 자연계에서는 언뜻 쓸모없어 보이는 형질이 종종 관찰된다.

내 전공 분야인 진드기 세계에도 특이한 종이 있다. 날개응애(Oribatida)라는 진드기는 가시방패개미(Myrmecina nipponica)의 집에 얹혀살면서 이동과 탈피는 물론, 식사와 산란까지 모두 가시방패개미에게 맡기다시피 한다. 그야말로 요양 중인 노인이 따로 없다. 그러나 개미는 아랑곳하지 않고 부지런히 이 진드기를 돌보고 심지어 이사 갈 때도 애지중지 감싸 데리고 간다.

이 또한 다윈의 자연선택설 관점에서 보면 있을 수 없는 행동 양식이다. 이 진드기는 엄연히 개미와는 유전적 연결고리가 전혀 없는 별개의 종이다. 그러니 진드기를 돌볼 시간에 차라리 자기 집의 애벌레를 돌보는 데 집중하는 게 맞다.

그런데 얼마 안 가 그 비밀이 밝혀졌다. 먹이가 부족해지자 개미들이 이 진드기를 잡아먹는 것이었다. 즉 개미집에 얹혀사는 진드기는 만일의 경우를 대비한 일종의 비상식량이었던 셈이다.

그렇다면 진드기는 먹힐지도 모르는 위험에도 불구하고 어째서 개미집에 얹혀사는 걸까? 모르긴 몰라도 개미집을 벗어나

홀로 살아가게 되면 천적의 습격을 받을 우려가 커지기 때문일 것이다. 그럴 바에는 어쩌다 먹히는 한이 있더라도 개미집에서 보살핌을 받는 쪽이 상대적으로 자손을 남길 확률이 높다고 볼 수 있다.

요컨대 개미와 응애 모두 언제 닥칠지 모를 식량 부족이라는 불확실성을 대비해 공생 관계를 진화시켜온 것이다.

일하지 않는 개미에게도 의미가 있다는 사실을 발견한 하세가와 교수는 다음과 같은 주장도 했다.

"생물의 진화 배경에는 단기적이고 순간적인 적응력 극대화라는 자연 선택뿐만 아니라 지속성이라는 장기적 적응력도 중요한 요소로 작용한다."

자연선택설을 단순히 불필요한 존재에 대한 '배제론'으로 해석하는 것은 인간의 주관에 불과할 뿐, 자연계에서 펼쳐지는 진화 원리와 과정에는 인간의 상상을 훨씬 뛰어넘는 복잡함과 기상천외함이 가득하다.

생물은 변화를 거듭한다. 유전자가 계속 변이를 일으키기 때문이다. 적응력이 극단적으로 약한 변이는 금세 도태되어 자연계에서 소멸한다. 반면에 적응력은 약하지만 자연계와 미묘한 균형을 이루며 소수자로 살아남는 변이도 있다. 혹은 별반 이렇다 할 특징도 없고 이도 저도 아닌 변이가 자연계 여기저기에서 슬쩍슬쩍 모습을 드러내기도 한다. 이처럼 자연계에 다양한 유전자 변이가 축적되고 여기서 발현된 갖가지 생물 종이 풍부한 생태계를 이룬 결과, 이 지구상에는 여러 생물이 조화를 이룬 다채로운 세계가 펼쳐지고 있다. 이것이 여러분도 한 번쯤 들어 봤을 '생물 다양성(biodiversity)'이라는 개념의 정체다.

유전자와 종, 그리고 생태계 수준에서 목격되는 다양성은 생물이 오늘날에 이르기까지 오랜 시간에 걸쳐 진화를 거듭하며 이룩한 성취이며 미래에 대한 대비이자 희망이기도 하다.

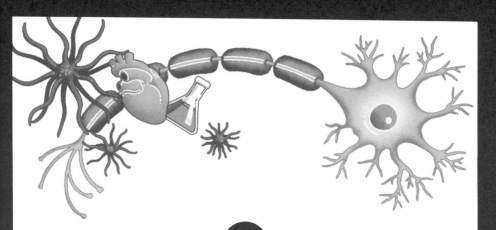

제 **2** 장

생물학으로 보는 인간 사회

인간은 멸종될 확률이 높은 동물이었다

BIOLOGY

남성의 초식화는 생물학적인 '변형'일까?

　지금부터는 인간 사회가 안고 있는 문제에 대해 내 나름대로
생물 진화라는 관점에서 생각해보고자 한다. 주제는 지금 일본
사회에서 진행 중인 남성의 초식화와 저출산, 동성애, 집단따돌
림, 그리고 휴머니티다.

　2000년대 후반부터 일부 남성을 두고 '초식화(草食化)'라는
말을 쓰기 시작했다.
　이제는 초식을 넘어 아예 풀이라고 부르지만…….

실은 작년 여름 방학 때 초등학생을 대상으로 특강을 한 적이 있다. 당시 나는 벌레 그리는 법을 가르치는 강의를 맡았다. 모집 인원은 10명. 그런데 지원자 10명 중 9명이 여자아이였다. 벌레를 좋아하는 성비(性比)가 내 어린 시절 때와는 정반대라 좀 놀라웠다. 이것도 남성의 초식화를 보여주는 하나의 상징인가 해서.

다시 본론으로 돌아가자. 초식화, 즉 남성이 중성화되는 배경에는 인간 사회가 성숙하면서 남녀 간의 능력 차가 없어졌다는 측면이 자리하고 있다. 지금껏 설명했다시피 성은 자손의 유전자 다양성을 확보하는 방향으로 진화해왔다. 생물이 진화하면서 자손의 효율적인 생산과 육성을 위해 추후 자손이 될 세포, 즉 난세포(egg cell)를 생성하는 암컷과 그 난세포에 새로운 유전자를 운반하는 정자를 지닌 수컷으로 성의 분화가 일어났다. 거기에 더해 암컷과 수컷 간의 역할 분담이 진행됐고, 그에 따라 체격이나 성격에서도 성별에 따른 차이가 점차 두드러지기 시작했다. 인간도 진화를 거듭하면서 여성과 남성의 역할이 나뉘고, 각자의 역할에 맞춰 여성스러움과 남성스러움을 갖추게 되었다.

원시 사회의 남성은 반드시 사냥감을 잡아와야 했다. 그렇지 않으면 아내도 아이도 굶어 죽는다. 사냥감을 잡으려면 강한 육체와 담력이 요구된다. 거기다 더 많은 사냥감을 얻을 만한 곳으로 탐험도 떠나야 하는데, 그러려면 호기심도 왕성해야 한다.

이 모든 남자다운 성질과 기질은 사냥 능력을 높이기 위해 진화한 것이다. 자질이 뛰어난 수컷일수록 여성은 그를 자신과 아이를 안전하게 지켜주고 식량 자원을 공급해줄 남자 중의 남자라고 평가한다. 그렇다 보니 강한 남자일수록 높은 인기를 구가하는 성적 지향(sexual orientation)*이 형성되었다.

그러나 문명이 발달하고 인간 사회가 성숙해짐에 따라 먹이나 거처 같은 생활 자원을 여성이 혼자 확보할 수 있게 되면 남성에게 요구되는 자질은 필연적으로 변한다.

즉 강하기만 한 남자는 필요 없어지는 것이다.

오늘날처럼 남녀를 막론하고 본인 능력으로 일을 해 생계를 유지할 수 있는 시대에는 여성 혼자서도 얼마든지 살아갈 수 있기 때문이다. 나아가 결혼 자체에 관한 가치관마저 변해 여성이 자신의 인생을 스스로 꾸려가는 길을 선택한다면 남자의 존재 가치는 점점 떨어질 것이다.

저출산은 남자의 성적 매력이 떨어지고 여성이 출산에 대한 욕구보다 자신의 인생을 즐기려는 욕구가 더 커진 결과라고도 볼 수 있다. 게다가 한창 일하던 여성이 임신으로 경력이 단절되는 엉성한 사회 시스템도 고스란히 드러났다. 즉 바뀐 사회에

---

* 한 개인이 정서적, 감정적, 성적으로 끌리는 사회적인 성적 기호-역주

맞춰 생물학적 변형이 일어나고 있는 것이다.

사실 초식화는 인기를 끌려는 수단!?

생물의 관점에서 보면 현대 사회에서 남성이 활약할 자리는 별로 없다. 일단 사냥할 필요가 없어졌다. 과거 농림 수산업 같은 1차 산업이 주류였을 때는 육체노동이 필요했다. 하지만 책상에서 하는 업무가 주류인 지금은 여성이 오히려 능력이나 실적이 더 높을 때도 있다. 여성이 상사인 경우도 전혀 드물지 않다. 이런 사회에서 남성이 인기를 얻으려면 어떻게 해야 할까? 물론 외모는 절대적인 가치를 지닌다. 하지만 겉모습은 동경의 대상일 뿐, 남자 아이돌을 좋아하는 여성도 막상 결혼 상대를 찾을 때는 태도가 달라진다.

현대 사회에서 남성이 인기를 얻으려면 '요리를 잘한다', '착하다', '유머가 있다'처럼 일상에서 여성이 좋아할 만한 자질을 갖춰야 하는 경우가 늘었다. '비싸고 탐나는 자원'을 구해주는 남자가 아니라 여성이 스스로 만족스러운 삶을 영위하는 가운데 파트너로서 함께 좋은 시간을 보내고 자신에게 늘 친절한 사람, 쉽게 말해 '편리한 사람'을 원하는 것이다. 이렇게 남성에 대한 여성의 가치관이 바뀌면 필연적으로 인간 사회에서 남성에게 요구되는 능력과 태도도 달라진다.

　남성이 연약해지고 초식화되는 것은 생물학 관점에서 보면 달라지는 사회 환경에 대한 남성의 생리적 적응 혹은 순응이라 볼 수 있다. 남성스러움만을 고집하기보다 여성의 기분이나 생각에 잘 공감할 줄 아는 남성이 인기를 끄는 풍조는 생물학적으로도 옳은 현상일지 모른다.

　이미 남성의 초식화는 어른뿐 아니라 어린이에게도 침투해 이제는 남자아이도 얌전해지는 경향을 보인다. 여기에는 가정환경이 영향을 미치고 있을지 모른다. 여러분 집에서도 아이가 귀가하는 순간, 아버지는 찬밥 신세가 되지 않나?(웃음) 요즘 시대에 걸핏하면 밥상을 엎거나 버럭 고함을 지르는 아버지는 멸종위기종에 가깝다……. 그런 환경에서 자란다면 오히려 여자아이가 씩씩하게 크는 게 당연할지도 모른다.

저출산 끝자락에서 우리를 기다리는 것

　현재 일본은 저출산 국가지만 과거 급속한 인구 증가를 경험한 나라이기도 하다. 세계적으로도 인구는 아직 계속 늘고 있어 현재 지구상의 총인구는 약 77억 명으로 추산된다. 1900년 당시 약 16억 명이었다는 점을 고려하면 그간 인구가 얼마나 폭발적으로 증가했는지 잘 알 수 있다. 이 같은 큰 폭의 인구 증가를 부추긴 결정적 요인은 화석 연료 발견이다. 화석 연료로 농업과 공업의 생산성이 향상되면서 인간 사회는 많은 인구를 유지할 수 있게 됐다.

이렇게 화석 연료 덕에 사회가 발전하자 인간은 편리하고 끼니를 걱정하지 않는 삶을 손에 넣었고, 나아가 인생의 즐거움을 찾기 시작했다. 의식주에 들이는 노동시간이 짧아지면서 여가 시간이 생겨난 것이다. 그러자 이번에는 시간이 자원이 되었다. 지금 일본이 밟고 있는 단계이기도 하다.

결혼보다는 독신 생활을 선호하는 사람도 있다. 물론 아이를 좋아하는 사람은 많이 낳을 수도 있다. 먹는 데 돈을 아끼지 않는 사람이 있는가 하면 취미에만 매달리는 사람도 있다. 이제 인간은 각자의 취향에 맞는 삶의 방식을 고른다.

장차 일본 같은 선진국은 물론, 세계 각국의 사회 시스템은 점차 성숙 단계에 접어들 것으로 예상된다. 그러면 일본과 마찬가지로 세계 인구도 정체기를 맞다가 끝내는 줄어들 것이다. 설령 인구가 100억 명을 돌파한다 한들 언제까지고 계속 늘어날 리는 없다. 결국 증가세는 줄어들 것이다.

단 세계의 모든 국가가 경제적으로 안정되기까지는 아직 시간이 필요하다고 생각한다. 거기다 글로벌 경제성장에 따른 환경파괴나 공해 문제는 갈수록 심각해질 것이다.

또 각국의 사회가 발전하고 안정되면 1인당 자원 소비량이 폭발적으로 늘면서 자원 고갈이 큰 문제가 될 것이다. 이런 시대에 일본은 저출산으로 인구가 줄고 있는 데다 자원은 계속 해외 수입에만 의존하고 있다. 이대로 간다면 일본은 부족한 자원을 자력으로도 메꾸지 못해 국가의 존속 자체가 위태로워지는 상황을 맞이할지 모른다.

사회의 성숙과 부부 관계의 변화

대부분 포유류는 1년에 한 번에서 몇 번, 혹은 몇 년에 한 번 주기로 번식기를 맞는다. 반면에 인간은 한 달에 한 번씩 배란기가 돌아온다. 다른 포유류와 비교해 번식 주기가 상당히 빠른 편이다.

이 짧은 배란기에 관해 나는 앞 장에서 이렇게 말했다.

"인간은 육아 때문에 일부일처제가 필요했다. 더불어 부부라는 관계를 유지하기 위해 인간 수컷과 암컷 사이에는 특별한 유대감이 발달했다. 이 비정상적으로 짧은 배란주기는 부부간의 사랑이라는 유대감을 강화해주지만 반대로 유대감이 흔들렸을 때 언제든지 상대를 바꿀 수 있다는 뜻이기도 하다."

배란기가 한 달에 한 번씩 돌아온다는 건 아이를 낳고 싶으면 언제든 낳을 수 있다는 소리다. 그렇다고 여성이 상황이나 상대를 가리지 않고 교미한다는 뜻은 아니다. 가능한 한 좋은 자원을 갖고 오는 남자를 신중히 골라 생식 파트너로 삼는다.

한편, 남성이 보기에 상대 여성이 언제든 임신할 수 있다는 건 언제든 다른 남성의 아이도 낳을 수 있다는 뜻이다. 따라서 남성은 아내를 빼앗길 수 있다는 생각에 자기 여자를 어떻게든 지키려는 쪽으로 행동이 진화하게 된다.

이처럼 여성의 비정상적으로 짧은 배란주기는 남성을 초조하게 하고 여성에게 집착하게 만드는 중요한 무기였다. 이런 식으로 해서 인간은 본디 동물적으로 바람둥이 본능이 다분한 수컷, 즉 남성이 일부일처제 안에 머무르게 하는 방향으로 진화했다.

여성의 이런 짧은 배란주기는 수컷을 묶어둘 뿐만 아니라 여성의 외도나 변심을 가능케 했다고도 할 수 있다. 만약 수컷이 사냥하다가 죽거나 혹은 어떤 실수로 자원을 가져오지 못하면 여성은 다른 수컷으로 갈아타 새로운 가족을 만들어서라도 자기 유전자를 남겨야 한다. 설령 유부녀라도 곧바로 번식할 능력을 갖추고 있다는 건 다른 남성에게 여성으로서 어필할 만한 매력을 여전히 가지고 있고 언제라도 새로운 남자로 갈아탈 수 있다는 뜻이다.

인간의 성적 형질은 이러한 남녀 간의 눈치싸움 속에서 진화한 것이다. 인간의 조상 격인 침팬지 등 영장류 사회에서는 일부다처제나 난교가 기본이다. 갓 태어난 아기라도 워낙 발육이 튼튼하다 보니 육아는 암컷 혼자서도 가능하다. 수컷은 영역만 잘 지키면 된다. 인간의 일부일처제는 다른 영장류와 달리 육체적으로 취약한 종으로서 어떻게든 자손을 남기기 위해 진화한 시스템이었던 것이다. 하지만 사회가 발전하고 안정되면 굳이 일부일처제를 고집할 필요는 없다. 즉 천적인 야생동물의 습격을 받을 우려가 없고 생활에 여유가 생기면 인간 사회에서도 일부다처제가 성립할 수 있다.

실제로 중동과 아프리카에서 자원을 많이 가진 왕족과 부족장은 후궁을 만들었다. 일본에서도 에도시대(1603~1868년)까지는 첩실 제도가 있었다. 인간 사회의 일부다처제도 야생동물과 마찬가지로 많은 아내와 그 아이까지 부양할 만한 자원, 즉 경제력을 가진 남성에게만 허락된 시스템이었다.

일부일처제는 환상?

인간은 처음부터 일부일처제를 기본으로 진화했다고 말했다. 그러나 앞서 언급했듯 야생 세계의 자연 선택이라는 공식에서 이탈한 인간의 문명 사회에서는 일부다처제가 성립한다.

　일부일처제로 진화했다 한들 인간 남성의 유전자에는 '더 많은 암컷과 교미해 더 많은 자손을 남기고 싶다'라는 수컷의 본능이 여전히 남아 있는 듯하다. 인간 역시 수컷이라면 본능적으로 외도나 불륜을 저지를 소지가 다분한 생물이란 소리다…….

　일본의 혼인제도는 법적으로 일부일처제를 적용하고 있다. 따라서 외도나 불륜은 민사적으로도 도덕적으로도 용서받지 못할 행위로 여겨진다.

　그러나 생물학적으로 수컷의 본능이 하렘 지향이라면 적지 않은 인간 남성이 내심 일부일처제를 견디고 있다는 뜻일지 모른다. 그 본능을 억제하는 것이 윤리관이라는, 전두엽(frontal lobe)*에 의존한 인간 사회의 규범이다. 따라서 우리 사회에 자리 잡은 일부일처제는 남자의 인내로 유지되는 면이 크다고 생각한다.

　어쨌든 유인원에서 진화한 인간이 최초로 선택한 배우(配偶) 시스템은 일부일처제였던 것 같다. 그러나 그 후 인간 조상이 아프리카에서 세계 각지로 흩어져 문명을 이룩하기까지 10만 년에 가까운 세월이 걸린 것으로 추측된다. 10만 년 정도라면

---

* 대뇌 전방에 위치하며 이성적·추상적 사고, 행동과 감정 조절, 창의성 등을 담당하며 인간이 인간다움을 유지하도록 도와주는 역할을 한다.-역주

인간의 유전자 속에 잠자고 있던 야생 수컷의 본능이 다시 드러
난다 해도 이상한 일은 아니다.

지난 10만 년에 걸친 인간의 진화 역사 중, 초기는 사냥이나
부족 간의 투쟁 등 남성이 생존하기에 가혹한 시대였다. 그 후,
인간 집단이 동물처럼 무리를 이루다 사회조직으로 진화함에
따라 집단에는 강한 리더가 필요해졌고, 인간다운 생활을 영위
하게 되면서 유인원 사회에서 보던 우두머리 같은 존재가 인간
사회에도 등장하게 된다.

여성도 강한 수컷 유전자를 원하는 본능에 따라 우두머리를
동경하며 그에게 성적 어필을 반복했을 것이다. 여성의 인기를
독차지한 우두머리는 이렇게 해서 하렘을 손에 넣는다. 한마디
로 인간은 인간다운 사회를 발달시킨 끝에 사회성 동물 본연의
배우 시스템인 일부다처제로 돌아간 셈이다.

물론 야생동물 중에서도 일부일처제를 관철하고 있는 종도
있다. 조류가 그렇다. 일부를 제외하면 육아 중에 바람을 피우
는 조류는 거의 없다.

육아만으로도 너무 바빠서 다른 자식한테까지 먹이를 대주
거나 바람을 피울 틈이 없기 때문이다. 조류는 자손의 생존율을
생각했을 때 일부일처제가 가장 효율적이라는 결론에 다다른
것이다.

여성이 불륜남을 싫어한다는 건 생물학적으로 옳다

이제 TV나 잡지에서는 하루가 멀다시피 뜨는 연예인이나 정치인 같은 유명 인사의 불륜설로 떠들썩하다. 개인적으로는 연예인의 불륜 보도를 볼 때마다 '아, 저들도 유전자의 지배에서 벗어나지 못하는구나.' 하는 생각이 든다.

본질적으로 불륜에 대해 특히 여성이 반감이나 혐오감을 드러내는 경향이 강한 것은 유전적인 프로그램 때문인지 모른다. 여성에게 상대 남성이 바람을 피웠다는 건 자신이나 자기 자식에게 쏟아야 할 파트너의 애정과 투자가 줄어들 우려가 있다는 소리다. 그렇다면 외도나 불륜을 저지르려는 남성이나 그의 내연녀를 싫어하는 형질은 생존 본능에서 비롯됐다 할 수 있다.

하지만 남자의 수컷으로서의 생물적 본능은 어쨌든 정자를 퍼뜨릴 수 있는 만큼 퍼뜨리는 데 있다. 그러니 어느 시대나 틈만 나면 외도나 불륜을 저지르는 남자는 끊임이 없을 것이다.

결국 인간은 그 옛날 야생동물이었던 조상에게 물려받은 난교와 외도, 불륜 유전자와 더불어 호모 사피엔스로 진화하는 과정에서 선택된 일부일처제라는 형질을 모두 안고 살게 된다.

이렇듯 인간이라는 연약한 종이 살아남기 위해 진화한 형질이 일부일처제라는 배우 시스템이라면 연약함이라는 족쇄에서 해방되는 순간, 억제되었던 야생 본능(외도와 불륜)이 겉으로 드러나는 것 또한 생물학적으로는 충분히 있을 수 있는 일이다.

게다가 딱히 외도와 불륜이 남자만의 전매특허인 것도 아니다. 요즘 같은 시대에는 육아가 일단락되면 여성에게도 동물적 본능이 살아나기도 한다. 자녀의 자립 단계에 따라서도 달라지는데, 아이가 너무 예쁜 시기에는 괜찮은 남성 유전자를 찾으려는 욕구가 잘 생기지 않는다. 하지만 아이가 엄마 품을 떠나면 욕구는 다음 투자 대상으로 향하게 마련이다.

앞서 조류는 대부분 육아 중에는 여유가 없어 수컷이든 암컷이든 한눈 한번 팔지 못하고 일부일처제를 유지하며 자식한테만 매달린다고 했지만, 사실 육아 중에도 혼외 교미를 하는 암컷이 일부 있는 것으로 알려져 있다. 수컷의 일하는 모습을 보며 별로라고 판단되면 더 나은 수컷으로 갈아타는 것이다. 언뜻 단란하게 보이는 암수 한 쌍의 새도 생물학적으로 보면 외도는 피할 수 없다.

출산 경험이 없는 독신 여성이 유부남과 불륜을 저지르는 경우도 적지 않다. 기혼자라는 이유만으로도 여성한테는 그 남자가 상당히 유능하고 재산도 많을 것이라는 판단 근거가 되기 때문이다. 이 또한 경제력 있는 남자의 유전자를 원하는 여성의 본능이 원인일지 모른다.

최근 40~50대 연예인의 외도 소식으로 매스컴이 떠들썩한데, 그럴 때마다 인간은 돈만 있으면 죽을 때까지 동물적 본능이라는 속박에 묶인 채 불륜을 저지르는 걸까……하는 생각에 새삼 유전자의 위력을 실감한다. 그러나 주위를 보면 유전자의 속박 내지는 본능에 휩쓸리는 사람보다는 자신의 파트너와 가족을 평생 사랑하고 아끼는 사람이 압도적으로 많다.

지금까지 인간을 하나의 동물로 보고 그 행동 원리를 풀어봤는데, 역시 인간은 인간인 이상, 지성과 이성도 아울러 갖추고 있는 존재다. 그 덕분에 다른 동물보다 오랜 기간 자기 가족을 최우선으로 삼고 소중히 돌보며 안정적이고 평화로운 사회를 구축할 수 있었던 게 아닐까? 여기서 잠시, 인간의 다양한 사랑 형태를 살펴보자.

생물학으로 바라본 동성애

인간 사회에는 왜 동성애가 존재할까? 많은 이들이 궁금해하는 주제라고 생각한다.

인간 이외의 생물에서도 동성애 성향을 보이는 돌연변이가 나타나기는 하지만, 그런 개체는 번식에 실패해 금세 자취를 감춘다.

곤충 중에는 초파리가 동성애 돌연변이가 출현하기로 유명하다. 실제로 교배 실험을 위해 사육했던 초파리 중에 암컷에 전혀 관심을 보이지 않는 수컷 돌연변이가 갑작스럽게 출현한 적이 있다.

연구자들은 이 수컷 초파리한테 스님처럼 득도한 개체라는 뜻에서 깨달음을 의미하는 일본어 '사토리'라는 이름을 붙여주었다. 그런데 가만히 살펴보니 이들은 암컷한테 교미를 시도하는 대신 수컷만 쫓아다니는 게 아닌가. 즉 득도한 탓에 성욕을 잃은 게 아니라 애초부터 동성애 초파리였던 것이다. 급기야 DNA까지 조사한 결과, 이들은 유전자 중 딱 하나가 작용하지 않아 동성애 형질이 되었음이 밝혀졌다.

이처럼 인간 이외의 생물에서도 동성애 유전자를 가진 개체는 존재한다. 하지만 야생의 세계에서 자손을 남길 수 없는 동성애 유전자는 도태되어 사라지게 마련이다.

앞서 언급한 초파리도 어디까지나 실내 사육이라는 환경에서 유발된 돌연변이였기에 '사토리 유전자'라는 특정 계통으로 묶을 수 있었다고 생각한다.

수컷이 수컷을 좋아하거나 암컷이 암컷을 좋아하는 유전자는 생식능력이 없어 생물학적으로는 동물계나 자연환경에서 적응력이 제로나 마찬가지다. 자기 유전자 정보를 다음 세대에 조금이라도 더 많이 남기려는 생물 본래의 생존 목적에 전혀 부합하지 않기 때문이다. 따라서 자연계에서는 금세 도태되고 집단 내에서 해당 유전자가 높은 확률로 존재하는 일도 없으며, 당연히 그런 형질도 거의 나타나지 않는다.

한편, 인간 사회에서는 최근 LGBT라는 성적 소수자에 관한 논의가 한창이다.

LGBT란 레즈비언(Lesbian=여성 동성애자), 게이(Gay=남성 동성애자), 바이섹슈얼(Bisexual=양성애자) 그리고 트랜스젠더(Transgender=성전환자)의 머리글자를 딴 것으로, 생물학적 남성 및 여성이라는 틀과는 다른 성적 지향을 지닌 사람 내지는 신체적인 성과 심리학적 성이 불일치하는 사람을 가리킨다.

최근 조사에서는 LGBT에 해당하는 사람이 전체의 8% 가까이 존재한다는 보고도 있어 소수파라고 하기에는 비율이 상당히 높은 것 아니냐는 의견도 있다. 생물학이나 생태학적으로 봤을 때, 번식이라는 측면에서 생존에 부적합해 보이는 이런 형질이 어째서 인간 사회에서는 일정 비율로 존재하는 것일까? 이는 의학적으로도 유전학적으로도 흥미로운 지점인 동시에 인간 사회를 파악하는 데 중요한 의미가 있는 과제인 만큼 지금도 연구와 조사가 계속되고 있다.

최근 연구를 보면, 동성애 형질을 지닌 유전자 발현에는 신체 내부가 아닌 외부에서 영향을 주는 요인이 깊이 관여하는 것으로 보인다.

어머니 뱃속에서 태아가 성장할 때, 태내에서 에피마크(epi-marks)라는 물질이 생성되는데, 이는 여아와 남아의 심신이 각각 여성스럽고 남성스럽게 성장하도록 일시적으로 유전자 발현을 통제하는 역할을 한다. 참고로 에피마크는 태아가 오로지 엄마 뱃속에 있을 때만 쬐는 물질로, 태어난 후에는 체내에 남지 않는다.

그러나 드물게 에피마크가 부모 몸에서 태아한테 전달되고 그 아이가 자라 결혼해서 자신과는 성이 반대인 자식을 임신했을 때, 부모한테 받은 에피마크가 태아에게 영향을 미쳐 신체적인 성과 심리적인 성이 어긋나는 경우가 발생한다는 주장, 즉 유전자와는 다른 '유전 정보 조작 물질'이 동성애자를 낳는 원인이라고 보는 설이 제기되고 있다.

이처럼 외적 요인(에피마크)이 유전자 발현에 영향을 미치는 현상을 후생 유전(epigenetics)이라고 한다. 후생 유전은 외부로부터 받는 스트레스 등에 따라 작용이 강해지기도 약해지기도 한다고 알려져 있는데, 야생과는 다른 인간 사회 특유의 환경이 동성애라는 후생 유전을 낳고 있는지도 모를 일이다.

이대로 인간이라는 동물이 진화를 거듭한다면, 머지않아 동성애라는 후생 유전 메커니즘도 도태되어 소멸할지 모른다. 그러나 달리 생각하면 인간 사회이기 때문에 동성애자라는 생물학적으로 다소 특이한 존재도 존속할 수 있었다고 생각한다.

인간은 두뇌가 발달하면서 문명을 구축하고 문화를 발전시켜왔다. 단순히 먹고, 자고, 자손을 늘리는 데만 집중하는 야생 생물과는 다르다. 의식주를 개선할 뿐만 아니라 예술이나 과학 지식 등 인간의 감성에 영감을 불어넣는 분야를 발전시켜 삶의 기쁨과 즐거움이 충만한 사회를 실현해왔다.

이렇듯 문화적으로 풍요로운 사회를 만들려면 다양한 발상과 기술은 물론, 인간이라는 종에도 다양성이 중요하다.

타인과는 다른 형질로 남다른 개성을 발휘하는 존재. 이들이 내뿜는 다양성은 늘 우리 사회에 새로운 아이디어와 기술, 예술적 영감을 가져다주었다. 동성애자도 그런 존재 중 하나가 아닐까?

특히 요즘 연예계에서도 뉴 하프(new-half)라 불리며 여성스러운 캐릭터로 활동하는 방송인의 활약이 눈부시다. 많은 이들이 그들의 남다른 감성과 거기서 뿜어져나오는 예능감이나 발언을 신선하고 재미있게 여긴다. 인간 사회에서 인간이라는 생물의 생산성은 단순히 출산과 같은 생물학적 의미에 그치지 않는다. 문화적, 사회적 풍요를 창출하는 것 또한 인간 사회의 발전에 꼭 필요한 생산성이다. 오히려 인간이 마음 놓고 아이를 키울 수 있는 사회란 풍요로운 문화로 가득한 즐거운 사회가 아닐까? 개성과 다양성, 서로의 다름을 받아들이는 관용이야말로 인간 사회가 발전하는 데 꼭 갖춰야 할 요소라고 생각한다.

인간과 동물의 가장 큰 차이는 '이타적 영웅주의' 유무

그러나 동성애가 개성이라 해도 실제 인간 사회에서는 지금도 이단(異端) 취급을 받고 있다. 많은 이들의 편견 어린 시선 속에 동성애자의 상당수는 결코 자유롭고 즐거운 삶을 누리지 못하는 게 현실이다.

이는 이질성을 배제하는 행위이며 따돌림에 해당한다.

이 따돌림이나 차별 같은 행위는 지극히 동물적이라 해도 무방하다.

생물학 관점에서 논하고 싶은 또 하나의 문제가 따돌림이다. 남과 다르다는 이유로 찝찝하다거나 기분 나쁘다며 배제하는 행위는 굳이 거칠게 표현하자면 '짐승만도 못한 짓'이라고 할 수 있다.

동물 집단에서는 천적의 습격을 피하고 경쟁자와의 먹이 쟁탈전에서 이기기 위해 무리에서 조금이라도 특이한 행동을 하거나 다른 개체보다 행동이 굼뜨면 소위 방해가 된다며 배제하는 모습을 볼 수 있다.

예를 들어, 영양(羚羊) 무리는 허약한 녀석을 내쫓아 사자 먹이가 되게끔 한다. 야생동물은 같은 종이라도 저마다 생존을 걸고 치열하게 경쟁하기 때문에 이처럼 약자를 배제하는 것은 유전적으로 프로그램된 행동이다. 그러나 현대 인간 사회에서 일어나는 따돌림은 약자를 배제하는 행위를 즐긴다는 점에서 동물계에서 보이는 생존을 건 행위와는 차원이 다르다. 나아가 따돌림이 묵인되고 사회 곳곳으로 퍼진다면 이는 우리의 휴머니티가 붕괴 위기에 놓여 있다는 증거로 받아들여야 한다.

호모 사피엔스라는 종으로 우리 인간이 지구상에 막 나타났을 무렵, 분명 우리는 질병이나 적의 출현으로 언제 죽을지 몰라 하루하루 겁에 질린 채 살았을 것이다. 사람 간의 연대도 지금보다 더 끈끈했을 것이다.

그러나 대략 기원전 3000~1500년 전, 돈이라는 개념이 생기면서부터 인간의 가치관이 바뀌었다. 저마다 개별적인 존재로 살아가는 시대가 된 것이다.

개별적인 존재로 살 것인지 연대할 것인지는 결국 환경이 정한다. 요즘처럼 모든 것이 충족된 환경에서는 개별적인 삶이 우선시된다. 그러나 20만~25만 년에 이르는 호모 사피엔스의 역사 중, 화폐 사회가 차지하는 기간은 고작 5000년에 불과하다. 인간의 뇌는 양쪽 삶 중 어느 쪽에든 적응할 수 있다.

그럼에도 연대라는 가치관과 이를 실행할 능력이 있다는 건 인간의 가장 큰 특징이다. 이것이 바로 휴머니티가 아닐까? 동물에게는 혈연으로 묶이지 않은 타자를 배려하는 이타적 행동(자기가 불이익을 떠안으며 다른 개체한테 이익을 주는 행동)을 전혀 찾아볼 수 없다.

포유동물 집단은 대부분 혈족이다. 우두머리가 있고 그의 아내와 자식으로 구성된다. 설령 다른 수컷이 섞여 있다 한들 우두머리의 부하일 뿐이다.

만일 야생동물이 사는 터전에 홍수가 난다면, 동물들은 제 살길 찾아 잽싸게 도망가기 바쁘다. 그나마 코끼리 집단이 인간과 비슷한데, 강을 건널 때 어린 녀석이 물에 휩쓸릴 것 같으면 코끼리는 제 자식이 아니라도 구해준다. 이런 행동 양식을 전문용어로 '호혜적 이타주의(Reciprocal Altruism)'라고 한다.

이런 행위는 초식동물에서 가끔 볼 수 있다. 덕을 베풀어두면 다음에는 내 자식이 도움을 받기 때문이다. 이들에게는 아이를 보면 도와주는 유전자가 갖춰져 있는 것이다.

다만 인간 이외의 생물이 보이는 이타적 행동은 아이를 지키는 데 특화되어 있을 뿐, 이를테면 다친 동료 코끼리까지 보호해주지는 않는다. 그 정도의 이타심은 없다. 어디까지나 자신의 아이를 지키려는 데서 파생된 행동이다.

물론 야생동물이 이타심을 발휘하는 궁극적인 목적은 자손을 남기는 것이지만, 인간도 타인을 돕는 누군가를 보면 '저 사람은 좋은 사람이니 그가 죽더라도 그의 가족은 지켜주자'라며 공동체 의식에 기반해 이타적으로 행동하기도 한다.

소위 영웅주의처럼 허세스러워 보이는 이런 행동은 나중에 자기 가족이 얻을 이득을 위해 진화한 측면이 있다. 자기 유전자, 즉 후손을 남겨야 한다는 궁극의 명제는 동물이나 인간이나 마찬가지지만, 인간의 경우 이타적 행동이 지닌 중요성은 유독 크다.

한마디로 인간 사회에서 이타적 행동을 할 줄 모르는 사람은 살아남을 수 없었을 것이다.

"저 녀석은 제 먹을 것밖에 모르고 아주 안 되겠어. 저런 놈을 거둬서 뭐해? 내쫓자고."

이런 식으로 집단 내 합의에 따라 그 사람을 따돌린다.

하지만 요즘 시대의 따돌림은 사회 전체의 존속에 미치는 영향이나 유해함을 기준으로 삼던 과거와는 본질적으로 다르다.

요즘 유행하는 따돌림은 집단에 끼치는 유해함과는 무관하게 특정 인물을 겉모습이나 이미지만 보고 기분 나쁘다며 따돌리는 것이다. 성실하고 열심히 공부하는 친구라도 왕따를 당한다. 이것은 단순히 상대를 분풀이 대상으로 삼는 이기적인 행동이다. 반면 야생에서는 오히려 이기적으로 행동하는 개체가 따돌림을 당하는 게 일반적이다.

예를 들면, 아메리카 대륙의 열대지방에서 서식하는 흡혈박쥐(Desmodus rotundus)는 동물의 피를 먹이 삼아 동굴에서 무리지어 생활한다. 특히 새끼를 가진 어미는 흡혈을 통해 매일 영양분을 보충해주어야 하는데, 이따금 사냥에 실패해 피를 마시지 못하는 날이 있다. 그러면 동굴로 돌아온 동료가 피를 마시지 못한 그 어미에게 자신이 빨아온 피를 나누어준다. 그리고 동료에게 가장 자주 피를 나누어주는 개체일수록 이따금 피를 구하지 못했을 때 더 많은 동료가 자기 피를 나눠주며 그간의 도움에 보답한다. 반대로 평소 피를 나누기를 꺼리는 개체는 정작 본인이 먹을 게 부족해졌을 때 다른 개체로부터 도움을 받지 못한다는 보고가 있다. 동료를 소중히 여기지 않는 개체가 무리에서 외면당하는 것, 이것이 야생에서 말하는 따돌림이다.

집단 따돌림 같은 이기주의가 생기는 이유는 지금 사회가 나 홀로 생존하는 데 어려움이 없기 때문이 아닐까?

원시 인간 사회에서는 예지력을 지닌 앞 못 보는 노인이나 생긴 건 볼품없어도 눈치가 빠른 사람 등 누구나 사회에서 맡은 역할이 있었고, 따라서 서로를 유익한 존재로 여기며 소중히 생각했다.

일상적인 도움이 불필요해진 현대 사회에서는 특히 도시를 중심으로 사람과 사람의 연결고리가 희박해지면서 분풀이 삼아 타인을 괴롭히는 행위가 오히려 사회 속에서 묵인되기 십상이다. 문명이나 문화가 발달한 사회일수록 오히려 그곳에서 살아가는 인간의 성숙도는 떨어진다는 사실이 참으로 아이러니하다.

집단 따돌림 문제는 인류가 이타심을 잃고 이기주의로 치달은 결과다.

만일 어떤 흐름을 타고 이기주의가 끊임없이 증식하다 핵전쟁 등으로 문명이 파괴된다면, 그래서 맨몸만 남은 인간이 그대로 자연계에 내던져진다면……우리는 결코 짐승 사이에서 살아남지 못할 것이다.

인간다움을 잃었을 때 인간은 무너지고 멸망한다. 인간이 강하다는 생각 자체가 이기주의다.

현대의 인간이 강한 것은 어디까지나 문명과 문화라는 무기 덕분이다. 달디단 물과 먹을 것이 있기 때문이다. 벌거벗겨진 짐승으로 돌아갔을 때 가장 먼저 사라질 종은 인간이다.

본디 인간은 멸종될 확률이 높은 동물이었다. 영장류 중 돌연변이로 태어난 괴짜나 다름없다. 실제 인간의 자손은 하나같이 사람 손이 없으면 살 수 없는 미숙아로 태어난다. 이족보행은커녕 기어다니지도 못하고 스스로 먹지도 못한다. 반대로 원숭이는 모두 태어나자마자 어미한테 매달려 스스로 젖을 먹으며 생존한다.

결국 많은 유인원이 숲속에서 버젓이 살아가는 동안 우리 인간은 사바나로 밀려났다. 제 발로 나온 게 아니라 나무타기가 서툴러 쫓겨난 것은 아닌지 늘 의심스럽다. 어쨌든 사바나에서 인간은 두 발로 서지 않으면 주변이 보이지 않아 이족보행을 해야 했고, 몸이 약한 만큼 머리를 쓰는 쪽으로 진화했다.

지금까지 인간은 야생동물과 달리 이타심이 있다고 설명했다. 물론 이는 훌륭한 속성이지만 자칫 이기주의로 기울면 집단 따돌림 문제, 나아가 인간 사회의 붕괴로 이어질 수 있다.

그렇다면 인간의 미래를 살리는 것도 죽이는 것도 모두 인간의 이기심에 달린 것이 아닐까?

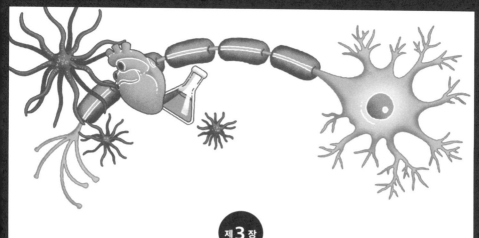

제 3 장

유전

'대머리는 격세유전된다'라는 속설은 미신일까!?

유전은 불과 4가지 염기의 조합

"내 동그란 얼굴은 엄마한테 유전된 거야."

우리는 평소 아무렇지도 않게 '유전'이란 단어를 쓴다. 하지만 그 의미를 누군가에게 제대로 설명하기란 의외로 어렵다. 앞 장에서도 종종 '유전자'라는 단어가 등장했는데, 이번 장에서는 본격적으로 유전이라는 생명현상과 이를 조절하는 물질인 유전자에 관해 설명하고자 한다.

유전이란 부모에서 자식으로 세대를 넘어 형질이 전달되는 것을 말한다. 그리고 형질을 전달하는 정보 전달 물질을 유전자라 하는데, 우리 몸은 이 유전자에 새겨진 설계도대로 형성된다.

즉 유전자가 부모에서 자식으로 넘어가면서 부모가 지닌 형질이 자식에게 대물림되는 것이다.

유전자 자체는 DNA(데옥시리보핵산)라는 물질로 이루어져 있는데, 아마 학창 시절 생물 시간에 들어본 사람이 많을 것이다.

이 유전자의 놀라운 점은 아데닌(A), 구아닌(G), 티민(T), 시토신(C)이라는 DNA를 구성하는 단 4가지 염기의 배열만으로 모든 유전 정보를 관장한다는 것이다. 불과 4개의 염기로 생물체의 방대한 유전 정보를 제어한다는 건 경이로운 일이다.

독자들은 DNA가 구체적으로 어떤 모양인지 상상이 잘 안 갈 것이다. 기본적으로 DNA 하나하나는 분자 덩어리에 불과해 맨눈으로 식별할 수는 없다. 다만 조직을 부수고 세포를 녹여 DNA를 한꺼번에 추출하면 하얗고 희끄무레한 것을 볼 수 있다.

염색체(chromosome)라는 말도 들어봤을 것이다. 염색체는 DNA와 단백질로 구성된 끈 모양의 물질이 사슬 형태로 응축된 상태를 말한다. 즉 DNA는 염색체라는 형태로 세포핵 속에 담겨 있다고 보면 된다.

인간의 세포핵에는 23쌍, 총 46개의 염색체가 담겨 있다. 그중 절반인 23개는 어머니, 나머지 절반인 23개는 아버지한테 물려받은 것으로, 두 개씩 쌍을 이뤄 46개의 염색체를 구성한다.

이렇듯 아버지 염색체와 어머니 염색체의 결합으로 태어난 혼합형 생명체가 바로 자식이다. 단 유전자의 발현은 아버지 유전자와 어머니 유전자가 어떻게 상호작용하느냐에 따라 어느 한쪽의 형질이 강하게 나타나기도 하고 양쪽의 형질이 섞이기도 한다.

그 조합의 수는 헤아릴 수 없을 정도인데 이는 다른 생물도 마찬가지다. 전체 생물 중 인간은 염색체 수가 많은 편에 속한다. 참고로 소라게는 염색체 수가 무려 254개에 달하며 가재나 잉어, 양치식물 등도 많은 것을 보면 염색체 수와 몸집의 크기는 상관없어 보인다.

교과서에 실린 '멘델의 법칙' 다시 보기

유전 하면 '멘델의 유전법칙(Mendelian Inheritance)'이 유명하다. 오스트리아 수도원의 사제이자 연구자였던 그레고어 요한 멘델(Gregor Johann Mendel, 1822~1884)은 부모의 형질이 자식에게 대물림된다는 사실을 밝힌 인물이다.

멘델은 같은 완두라도 키라는 형질에 변이가 있고 그 형질이 다음 세대에도 대물림된다는 사실, 즉 유전 현상을 발견했다.

우선 그는 키가 큰 완두에서 채집한 씨앗을 뿌리고 거기서 자라난 완두 중 다시 키가 큰 완두 종자만 모아서 뿌리는 선발 작업을 반복했다. 그 결과, 키가 큰 완두만 자라났다. 반대로 이번에는 키가 작은 완두에서만 종자를 모아 뿌리는 과정을 반복했더니 마찬가지로 이번에는 키가 작은 완두만 재배됐다. 즉 멘델은 선발 작업으로 식물의 형질이 고정된다는 사실을 밝혀낸 것이다.

이후, 멘델은 위 과정을 통해 얻은 키 큰 완두 종자와 키 작은 완두 종자를 교배한 혼합형 종자를 만들어 심었다. 하지만 결과적으로는 키가 큰 완두만 자라났다. 이는 키가 큰 형질이 키가 작은 형질보다 강하게 발현된다는 것, 즉 키가 큰 유전자가 우성(優性)임을 뜻한다. 멘델은 이처럼 유전자의 형질이 발현하는 데 우열이 존재하는 현상을 가리켜 '우열의 법칙(Principle of Dominance)'이라 이름 붙였다. 거기에 더해 혼합형 종자끼리 교배해 키운 다음 세대 형질을 살펴보니 키 큰 완두와 키 작은 완두가 3 대 1의 비율로 나타나는 것을 알게 되었다.

여기에는 다음과 같은 원리가 숨어 있다. 먼저 완두의 키를 결정하는 염색체 부위, 즉 유전자 자리에는 '키가 커지는 유전자'와 '키가 작아지는 유전자' 이렇게 두 유전자가 존재한다. 전자를 A, 후자를 a라고 했을 때, 키가 큰 형질의 유전자끼리 조합하면 AA, 키가 작은 형질의 유전자끼리 조합하면 aa가 된다. 그리고 두 형질의 유전자를 섞은 조합이 Aa이며 표면상에는 '키큰' 형질, 즉 A만 드러난다. 만약 Aa와 Aa를 교배하면 완두의 난자에 해당하는 암꽃술의 유전자 유형은 A나 a, 마찬가지로 정자에 해당하는 꽃가루의 유전자 유형은 A나 a이며, 이 난자와 정자의 조합, 즉 AA, Aa, Aa, aa가 1:1:1:1의 비율로 발현된다. 그리고 각각의 조합으로 발현되는 형질 중 AA는 키가 크다, Aa는 키가 크다, aa는 키가 작다, 이므로 키 큰 완두와 키 작은 완두의 발현 비율은 3 대 1이다. 이렇게 유전형질이 자손으로 전해질 때 발현 비율이 일정하게 분리되는 현상을 멘델은 '분리의 법칙(Law of Segregation)'이라 이름 붙였다.

멘델은 완두의 형질을 바탕으로 이러한 유전법칙을 확실하게 증명했으나 정작 유전자 자체는 발견하지 못했다.

게다가 1865년 멘델이 유전 현상을 발표했을 당시만 해도 그의 발표 내용은 별 이목을 끌지 못했다. 결국 멘델은 1884년에 사망하고 그의 유전법칙은 1900년대에 접어들어서야 네덜란드의 휘호 마리 더프리스(Hugo Marie de Vries, 1848~1935)와 독일의 카를 코렌스(Carl Erich Correns, 1864~1933), 오스트리아의 체르마크(Erich von Seysenegg Tschermak, 1871~1962)라는 세 학자에게 재평가받는다.

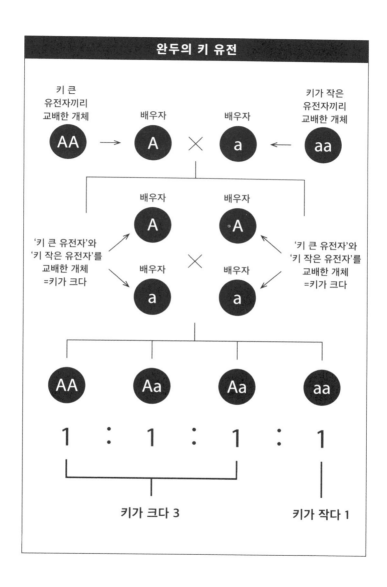

완두의 키 유전

키 큰 유전자끼리 교배한 개체 **AA** → 배우자 **A** ✕ 배우자 **a** ← 키가 작은 유전자끼리 교배한 개체 **aa**

배우자 **A** 배우자 **A**

'키 큰 유전자'와 '키 작은 유전자'를 교배한 개체 =키가 크다 ← 배우자 **a** ✕ 배우자 **a** → '키 큰 유전자'와 '키 작은 유전자'를 교배한 개체 =키가 크다

AA   **Aa**   **Aa**   **aa**

1 : 1 : 1 : 1

키가 크다 3   키가 작다 1

멘델이 생존해 있던 시절, 베일에 싸였던 유전자는 그가 재평가되던 무렵에야 비로소 세포 관찰이 가능해지면서 세상에 모습을 드러낸다. 유전자의 존재도 모른 채 유전법칙을 발견한 멘델은 형질을 관찰하는 천재였다고도 볼 수 있다.

실제로는 이 완두콩 실험처럼 유전자 형질이 깔끔하게 분리되어 나타나는 경우는 많지 않다. 사람의 신장이나 체중도 염색체상에 있는 여러 유전자가 서로 얽히고설켜 발현되는 경우가 많아 형질의 분리 비율이 복잡하다 보니 깨끗하게 분리되지 않는다.

따라서 완두콩 실험처럼 키가 큰 아버지와 키가 작은 어머니에게서 반드시 키 큰 아이가 태어난다는 보장은 없다. 키가 큰 아이도 있고 작은 아이도 있고 중간 정도 되는 아이도 있다. 더군다나 아이의 성장에는 유전자뿐 아니라 성장기의 영양 상태 등 환경 요인도 영향을 미친다.

유전이라는 현상을 간단히 정리하기는 어렵지만, 우선 DNA라는 유전을 담당하는 물질이 있고 이것은 염기로 만들어지며 염기의 배열 방식에 따라 유전 정보가 바뀐다는 것. 그리고 이 염기가 나선형으로 둘둘 말려 형성된 것이 염색체이고 아버지 염색체와 어머니 염색체가 절반씩 결합하면 새로운 아이가 태어나고 부모의 형질이 대물림된다는 것.

이것이 유전 현상의 메커니즘이다.

'대머리는 격세유전'이란 말이 미신이라고!?

앞서 멘델이 찾아낸 법칙 중 우열의 법칙이 있다고 적었는데, 이쯤에서 '우성(優性)'과 '열성(劣性)'에 대해 짚고 넘어가자. 유전자에는 두 종류가 있는데 특징이 발현하기 쉬운 쪽을 우성 유전, 발현되기 어려운 쪽을 열성 유전이라고 부른다. 참고로 2017년 유전학 학회에서는 우성, 열성이라는 표현이 '뛰어나다' 혹은 '뒤떨어진다'라는 식의 인상을 심어주어 오해를 불러일으킨다고 해서 표현을 바꾸기로 했다고 한다.

앞으로는 우성을 '현성(顯性)', 열성을 '잠성(潛性)'이라고 부르기로 했다는데, 생물학계에서는 우성과 열성이란 용어를 오랜 기간 써왔기 때문에 정착하기까지는 시간이 좀 걸릴 듯하다……. 물론 원래 유전자에 우열은 없다. 형질이 잘 드러나는가 그렇지 않은가의 차이일 뿐이다.

예를 들어 빨간색과 흰색 변이가 있는 꽃의 경우, 빨간 꽃과

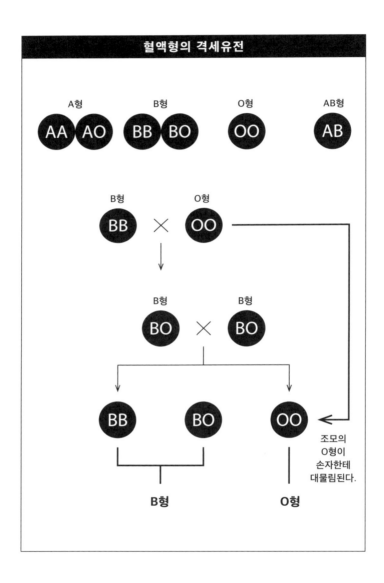

혈액형의 격세유전

A형
AA AO

B형
BB BO

O형
OO

AB형
AB

B형
BB

×

O형
OO

B형
BO

×

B형
BO

BB

BO

OO
조모의
O형이
손자한테
대물림된다.

B형

O형

흰 꽃을 교배해 분홍 꽃이 아니라 빨간 꽃이 피었다면 빨간 유전자가 우성이고, 흰색 유전자가 열성이다. 반대로 흰 꽃이 피면 빨간 유전자가 열성이다.

한편, 빨간색과 흰색이 혼합된 형질인 분홍 꽃이 피도록 양쪽 형질을 더해 2로 나눈 형태로 유전자가 발현되는 것을 '공우성(共優性)'이라고 한다. 이는 인간의 혈액형 중 AB형 유전자 조합에서도 엿볼 수 있다. 인간의 혈액형은 하나의 유전자 자리에 어떤 유전자가 자리하는가로 결정되며, 여기서 혈액형을 결정하는 유전자는 A, B, 그리고 O 이렇게 세 가지다. A 유전자와 B 유전자는 O 유전자 대비 우성이기 때문에 A형은 AA 혹은 AO의 조합으로 발현된다. B형은 BB 및 BO의 조합으로 발현되고 O형은 OO로 발현된다. 단 A 유전자와 B 유전자 사이에 우열 관계는 없다. 따라서 AB형은 A 유전자와 B 유전자가 결합해 모두 발현된 것이라 할 수 있다.

그러나 열성 유전자는 우성 유전자와 합쳐지면 형질이 잘 발현되지 않아 많은 경우에 자식 세대에서는 그 형질이 드러나지 않을 수 있다. 그러다 그다음 세대에서 열성 유전자끼리 조합되면 숨어 있던 형질이 발현되는데 이를 격세유전(atavism)이라고 한다. 위에서 언급했던 혈액형의 경우, 만일 유전자 조합이 OO인 O형 어머니와 BB인 B형 아버지 사이에서 태어나는 아이는 무조건 유전자 조합이 BO이므로 전원 B형이다. 단 나중에 아이가 BO인 B형과 결혼하면 태어날 자식이자 첫 번째 부부의 손자는 유전자 조합이 BB 또는 BO인 B형, 아니면 OO인 O형이다. 즉 할머니의 O형이 손자 세대에 가서야 발현되는 것이다.

흔히 대머리도 격세유전이라고 하는데, 이는 미신도 도시 전설도 아닌 유전이라는 메커니즘으로 정확히 설명할 수 있는 증상이다. 대머리, 즉 탈모증은 남성 호르몬인 '테스토스테론(testosterone)'과 '5 알파-리덕테이스(5α-reductase)'라는 환원효소가 결합해 생성되는 다이하이드로테스토스테론(DHT, dihydrotestosterone)이라는 물질이 원인이다.

다이하이드로테스토스테론(DHT)은 일명 '탈모 호르몬'으로 불리며, 모근에 존재하는 안드로겐 수용체와 결합해 머리카락의 성장을 억제하거나 피지를 과도하게 분비해 모발 육성에 악영향을 미치는 물질이다. 따라서 안드로겐 수용체의 감수성이 높으면 높을수록 DHT와 쉽게 결합해 머리가 벗겨질 확률이 높아진다. 이 안드로겐 수용체의 감수성은 유전자에 좌우되는데, 이 유전자는 성염색체인 X 염색체상에 놓여 있다.

그럼, 여기서 잠시 성염색체(sex chromosome)에 대해 알아보자. 인간에게는 염색체가 23쌍 총 46개가 있다고 앞서 설명했다. 사실 그중 한 쌍은 성염색체라고 하여 성별을 정하는 역할을 한다.

성염색체에는 X와 Y 두 종류가 있는데, 조합이 XX면 여성이 되고 XY면 남성이 된다. 여성의 몸에서 생성되는 난자에는 X 염색체밖에 없지만, 남성의 몸에서 생성되는 정자에는 X 염색체와 Y 염색체가 모두 존재한다. X 염색체만 있는 난자에 X 염색체를 가진 정자가 결합하면 XX 조합의 아이가 태어나고 그 아이는 여성으로 성장한다. 그리고 아버지의 X 염색체는 딸에게만, 어머니의 X 염색체는 반드시 아들에게만 유전된다.

참고로 대머리를 결정하는 유전자는 성염색체 중 X 염색체상에 존재한다. 만약 대머리를 만드는 유전자를 a라고 하고, 이 a가 위치한 X 염색체를 Xa라고 하자. 여성은 XX 혹은 XaX 혹은 XaXa라는 성염색체로 이루어져 있을 것이다. 여성한테도 대머리 유전자는 있을 수 있으나 본디 남성 호르몬이 적어서 대머리

대머리의 격세유전

여성   X X , Xa X , Xa Xa

남성   X Y , Xa Y
       대머리 X   대머리 O

○ 성염색체 중 X 염색체상에 대머리 유전자 a가 있다
○ 여성은 남성 호르몬이 적어 대머리 유전자 a가 있어도 머리가 벗겨지지 않는다
○ 남성은 X 염색체상에 유전자 a가 있으면 대머리가 발현된다

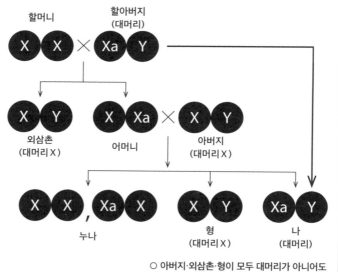

할머니   할아버지
           (대머리)

X X × Xa Y

X Y   X Xa × X Y
외삼촌   어머니   아버지
(대머리 X)   (대머리 X)

X X , Xa X   X Y   Xa Y
누나   형   나
         (대머리 X)   (대머리)

○ 아버지·외삼촌·형이 모두 대머리가 아니어도
   할아버지가 대머리면 나도 대머리일 수 있다.

유전자가 있어도 대머리가 되지는 않는다. 한편, 남성의 성염색체에는 XY 혹은 XaY의 조합이 있을 수 있는데, 이중 XaY 조합을 가진 남성은 대머리가 될 가능성이 높다.

대머리 유전자는 X 염색체상에 놓여 있어 만일 자식이 대머리 유전자를 물려받는다면 이는 어머니한테 받게 된다. 따라서 아버지한테 대머리 유전자가 없어도 어머니로부터 유전될 수 있다. 가령 외할아버지가 대머리였다면 어머니가 대머리 유전자를 물려받아 자식한테 대물림되는데, 자식이 아들이라면 이 대머리 유전자가 발현되어 머리가 벗겨질 가능성이 높다. 즉 부모가 대머리가 아니어도 할아버지가 대머리였다면 자식 세대가 대머리가 되는 격세유전이 일어나는 것이다.

사실 유전이라는 것은 통계적 확률이다.

'솔개가 매를 낳는다'라는 일본 속담은 유전의 개념을 잘 보여준다. 엄마가 천재 유전자를 갖고 있지만 다른 유전자로 가려져 발현되지 않았고, 아빠에게도 잠재된 천재 유전자가 있다고 치자. 두 사람이 만나 양쪽의 천재 유전자가 결합한 아이가 태어난다면 그 아이는 천재가 될 자질을 갖춘 셈이다.

지금까지 유전은 전적으로 자연의 섭리라고 여겨져왔다. 남녀가 만나 결혼해서 낳은 아이는 부모의 유전자 조합으로 생김새와 성격이 정해진다. 이는 아이가 태어나 점차 성장하는 모습을 보면 확인할 수 있다. 단 이제는 아이가 태어나기 전부터 미리 알아볼 수 있는데 이를 가능케 하는 것이 바로 유전자 검사다.

유전자 검사로 암에 걸릴 확률을 알 수 있다!?

배우 앤젤리나 졸리(Angelina Jolie)가 유전자 검사로 자신이 유방암에 걸릴 수 있다는 사실이 밝혀지자 끝내 건강한 유방을 절제했다. 암을 유발하는 유전자는 정해져 있는데 그 유전자의 유형과 조합을 조사해 암에 걸릴 확률이 높다고 판단됨에 따라 그와 같은 결단을 내린 것이다.

이런 유전자 검사를 태아에게 실시하면 나중에 병에 걸릴 확률이나 선천성 장애가 발현될 확률을 알 수 있다. 현재는 산모의 혈액으로 태아의 염색체 이상 여부를 검사하는데, 정식 명칭은 비침습적 산전 유전자 검사(NIPS, noninvasive prenatal screening)라고 한다. 그러나 이 염색체 진단 결과로 임신중절 수술을 택하는 부모가 늘어날 우려가 있다며 유럽과 미국 등에서는 논란이 일고 있다.

이는 우생학(eugenics)으로 이어지는 주제인 만큼 다음 장에서 더 자세히 다루도록 하겠다.

어쨌든 구미지역에서는 이미 태아의 유전자 검사를 도입한 국가도 있다. 일례로 영국에서는 2004년부터 다운증후군 등을 진단하기 위해 국가 차원의 스크리닝(유전자 검사) 사업을 시행하면서 모든 임산부에게 검사를 의무화하고 있다. 일본에서는 아직 산전 검사를 규제하는 법률은 없으나, 의학계에서는 윤리상의 문제로 논란이 계속되고 있다.

유전자 검사는 머지않아 이른바 다운증후군 같은 염색체 질환뿐만 아니라 태어날 아이가 암이나 당뇨병에 걸릴 확률도 진단할 수 있을 것이다. 다만 이는 어디까지나 확률이지 100% 발병한다는 뜻은 아니다. 지금까지 축적한 지식을 바탕으로 통계를 내서 '이 유전자 조합은 암에 걸릴 확률이 90%다'라는 식으로 결론을 도출하는 것이다.

부모는 사전에 이 사실을 파악하고 아이를 낳을지 말지 결정한다.

실제로 산전(産前) 유전자 검사를 통해 염색체 이상이 양성으로 나온 산모의 90% 이상이 임신중절 수술을 결정했다는 통계 데이터가 있다. 한편, 첫째 때는 유전자 검사를 받았지만 둘째 때는 받지 않았다는 산모도 있다. 아이를 낳아보니 모성이 강해져 어떤 아이라도 내 아이로 받아들이겠다는 생각이 확고해진 것으로 보인다.

부모 자식 간 이어지는 유전자는 어디까지 알 수 있을까?

만약 당신이 '두뇌가 명석한 아이'를 원한다 치자. 그런데 현재 명석한 두뇌에 관여하는 유전자는 밝혀지지 않았다. 계산력이나 논리력 등 지적 능력에 유전적 차이는 있겠으나 환경도 상당한 영향을 미치기 때문이다. 머리가 좋은 집안은 평소 공부하는 분위기가 잡혀 있다고 하지 않나. 따라서 오랜 기간 방대한 데이터를 모으지 않는 한 정확한 메커니즘은 알 수 없다.

유전학에는 행동 유전학(Behavioural Genetics)이라는 연구 분야가 있다. 행동 유전학에서는 행동 자체도 유전자로 결정되는 부분이 있다고 보고 이를 '유전율(遺傳率)'이라는 척도로 나타낸다. 즉 하나의 행동에 유전적 요인이 얼마만큼 작용하는지 표시한 것이 유전율이다. 행동 유전학에서는 특정 행동 패턴에 대한 유전율을 조사한다.

이를테면 초파리 같은 곤충의 행동 패턴에도 유전이 영향을 끼친다는 사실을 확인했다. 실험에서 머리를 자주 긁적이는 파리를 교배했더니 실제로 몇 세대에 걸쳐 같은 행동 패턴이 나타나기도 했다.

행동 자체는 신경세포가 보내는 전기신호로 제어되는데, 체내의 신경세포에서 발생하는 전기신호에 유전적 요소가 영향을 미치는 건 이상한 일이 아닌 만큼, 당연히 인간의 행동 패턴에도 유전적 영향이 있을 수밖에 없다.

심지어 인간이 느끼는 분노나 우울감과 같은 정신과 관련된 생리적 형질도 조금씩 유전자로 분석할 수 있게 되었다.

인간의 행동이나 성격에도 유전자가 관여한다면 '성공한 사람에게도 궁극적으로는 유전자가 관여한다'라는 발상도 가능하다. 여기서 '디자이너 베이비(designer baby)'*라는 새로운 문제가 등장한다.

실제로 미국이나 유럽에서는 고소득에 외모가 출중한 변호사나 배우의 정자를 맡아 보관하는 유전자은행(Gene Bank)이 생겨 정자를 보관, 매매하고 있다. 배우 조디 포스터(Jodie Foster)가 이 유전자 은행을 이용해 미혼모가 된 것으로 유명하다.

게다가 최첨단 유전자 공학으로 정자와 난자가 결합했을 때 유전자를 재조합하거나 조작할 수도 있다.

그러나 실제로 성격이나 체형 등에는 유전 외에도 학습이나 환경이 영향을 미친다. 따라서 개개인의 개성은 유전과 후천적

---

* 사전에 선택된 유전자를 가진 아기를 의미한다. 예를 들어 부모가 원한다면 아기의 키, 눈 색깔, 지능까지도 선택할 수 있다.-역주

요인이 조합된 결과물임을 유념해야 한다.

예를 들어, 키나 체중이 큰 유전자를 갖고 있어도 먹는 양이 적으면 체격이 빈약해질 수밖에 없다.

현대 사회의 가치관을 기준으로 우량(優良)으로 판단되는 유전자만 선택해 다음 세대에 전달하는 행위는 자칫 유전자의 다양성을 해치는 결과를 초래할 수 있다. 인간 사회는 개개인의 다양한 개성에 힘입어 발전하는 것이다. 인간 유전자에 잠재된 무한한 가능성은 무시한 채, 하나의 가치관만 앞세워 유전자를 평가하는 것은 인간이 지닌 가능성의 폭을 좁히는 행위가 아닐까?

바이러스를 뛰어넘는다!? 광우병을 유발하는 프라이온

유전공학 기술을 이용하면 바이러스를 만들 수도 있다.

바이러스는 RNA(Ribonucleic acid)*나 DNA 같은 유전물질을 단백질 막으로 감싼 단순한 구조로, 가장 작은 '생물적 존재'다. 생물적 존재라는 표현을 쓴 이유는 오랜 기간 생물학계에서는 바이러스가 생물이 아니라는 의견이 지배적이었기 때문이다.

생물학계에서는 생물을 '세포를 가지고 스스로 에너지를 생

---

* DNA 정보를 읽고 단백질을 합성하는 데 도움을 주는 역할을 한다.-역주

산하며 증식하는 존재'라고 정의한다. 바이러스는 다른 생물에 기생하면서 숙주 세포의 대사를 이용해 증식하지, 혼자 힘으로는 증식할 수 없다.

따라서 생물 개념에서 벗어난 존재이며 교과서적으로는 생물이 아니라는 것이다.

하지만 넓은 관점에서 보면 숙주에 기생해 자신의 복제본을 대량으로 생산하고 거기다 숙주에 질병을 일으키는 등 영향을 준다는 점에서 바이러스는 생물 자체라고 봐도 무방하며 생물과 무생물의 경계선상에 놓인 존재라고도 할 수 있다.

바이러스는 20세기 들어 전자 현미경이 생긴 후 처음 관찰되었다. 17세기에 세균, 즉 박테리아에 관한 연구가 시작되면서부터 많은 질병의 원인으로 세균이 지목되었으나, 19세기에 접어들면서 광학 현미경으로는 보이지 않는 병원체(pathogen)*가 발견되었다. 멘델이 유전자 존재를 예고했던 것과 비슷하다. 박테리아는 여과하면 보였지만 바이러스는 더 작았던 것이다.

이제는 DNA 편집 기술을 이용해 인공적으로 바이러스를 제조할 수도 있다.

심지어 최근에는 효과적인 백신의 개발 속도를 높이고자 유전공학으로 인플루엔자 바이러스의 감염력을 높인 인공 바이

---

* 바이러스, 세균, 기생충 등 사람이나 동물 체내에서 병을 일으키는 미생물-역주

러스를 만드는 연구도 진행되고 있다.

지난 2018년 1월에는《플로스 원(PLOS ONE)》이라는 학술 잡지에 말 감염병을 일으키는 마두(馬痘) 바이러스를 인공적으로 합성하는 데 성공했다는 논문이 게재되어 큰 논란이 일었다.

원래 이 논문은《사이언스(Science)》나《네이처 커뮤니케이션(Nature Communications)》같은 저명한 국제 학술지에 제출되었다. 하지만 마두 바이러스의 합성 기술은 천연두(Smallpox)처럼 인간에게 치명적인 감염병을 일으키는 바이러스의 합성을 가능하게 하는 만큼, 생물 테러(bioterrorism)*에 악용될 수 있다는 이유로 위 학술지에서는 논문 게재를 거부했다.

그러나《플로스 원》은 해당 논문에 실린 기술은 위험성 못지 않게 백신 개발에 도움이 되는 부분도 크다며 게재를 인정했다고 한다.

분명 어떤 과학기술이든 이익과 위험이라는 두 얼굴이 공존한다. 그러나 바이러스는 생물적으로 증식하고 진화도 하는 존재다. 만에 하나 인공 바이러스가 실외로 노출되기라도 한다면 현시점에서 우리 인간에게 이를 제어할 방법은 없다. 애초에 인공 바이러스의 실외 노출을 막을 완벽한 격리 수단도 갖고 있지 않다. 어차피 인공 바이러스를 만드는 것도 관리하는 것도 인간

---

* 세균, 바이러스, 곰팡이, 독소 등을 살포하여 사람을 살상하거나 동물, 식물 등에 질병을 일으키는 행위-역주

이며, 인간의 행동에 완벽은 있을 수 없다. 오히려 때에 따라서는 누군가 악의를 품고 관리 시스템을 망가뜨릴 수도 있다.

　내가 생물학을 연구하면서 바이러스 이상으로 놀랐던 존재가 광우병을 일으키는 프라이온(prion)이다. 바이러스는 우리 생물과 마찬가지로 DNA 혹은 RNA 같은 핵산 물질을 보유하고 있다. 하지만 프라이온은 오직 단백질(아미노산)로만 구성돼 있다. 즉 유전자가 없다. 본래 프라이온 자체는 우리 인간을 포함해 모든 동물의 체내에 존재하며, 특히 뇌 조직에 다량 분포한다.

　이렇게 원래부터 체내에 존재하는 프라이온을 정상 프라이온이라고 하며, 병을 일으키는 것은 이 정상 프라이온의 입체 구조가 비정상적으로 변형된 이상(異常) 프라이온이다. 체내에 들어온 이 이상 프라이온은 정상 프라이온의 입체 구조를 비정상적으로 바꾸는 연쇄반응을 일으키는데, 얼마간 체내에 이 이상 프라이온이 쌓이면 질병이 발생하는 것이다. 메커니즘만 놓고 보면 바이러스 등의 병원체가 몸속에 들어와 증식하는 것과 다를 바 없는 과정을 프라이온이라는 단백질이 혼자 거뜬히 해내고 있는 셈이다.

생물학에서 말하는 자가 증식이란 DNA라는 유전자 정보 물질이 일종의 거푸집 역할을 하면서 유전자 복제본을 계속 생산하는 것을 말한다. 단 프라이온은 복제본의 거푸집 역할을 DNA가 아닌 단백질이 할 뿐이다.

프라이온의 메커니즘을 보면 물질이 물질을 복제한다는 점에서는 유전 현상에 해당하는 만큼, 프라이온은 증식하는 존재, 즉 생물적 존재라고 볼 수도 있다.

이렇듯 넓은 의미에서는 프라이온을 생물로 봐도 무방할지 모른다. 그러나 현재 우리 생물학계의 정의에 따르면 프라이온은 유전자가 없어 생물은 아니다.

프라이온을 보면 DNA를 기본으로 한 생물의 정의는 실제로는 의미가 없다는 생각마저 든다. 우주 어딘가에는 전혀 다른 시스템으로 증식하는 물질이나 생물이 얼마든지 있지 않을까?

만약 지구 밖 어딘가 스스로 증식하는 돌멩이가 있다면 이 또한 어엿한 우주 생물이라고 봐야 한다. 그 돌멩이에는 DNA나 RNA라는 인간이 파악한 개념으로는 품을 수 없는 생물학이 담겨 있다. 그런 의미에서 프라이온은 기존의 생물학적 개념을 넘어선 생물적 존재의 가능성을 보여주는 듯하다.

프라이온의 증식은 화학적인 연쇄반응 현상에 불과하나, 그럼에도 증식하는 유기체로서 숙주인 생물에게 영향을 줄 수 있다는 점에서는 일반 생물과 아무런 차이가 없다.

지금까지 프라이온은 의학적 관점, 즉 치료의 관점에서 중점적으로 연구가 이루어졌지만, 나는 진화 생물학 관점에서 프라이온의 진화 원리가 궁금하다.

개인적으로 SF영화를 좋아해서 지금도 종종 보는데, 모처럼 흥미로운 SF영화가 나와도 에이리언(외계생명체)을 DNA를 전제로 한 생물학적 세계관에 맞춰 설정하는 경우가 많아 아쉽다.

제목 자체가 '에이리언'인 영화 시리즈도 알고 보니 인간의 창조주가 자기 DNA를 사용해 인간을 만들었고, 그 인간이 마찬가지로 자기 DNA를 변형해 에이리언을 만들었다는 식의 결말로 끝나 좀 실망스러웠다. 인간의 창의력이라는 것도 의외로 크게 유연하지는 않구나 싶다.

지금의 과학기술로 인간 복제가 가능할까?

1990년대에 발표된 복제 양 돌리(Dolly)는 전 세계에 충격을 안겨주었다. 2018년에는 중국에서 돌리와 똑같은 기법을 사용해 영장류 최초로 필리핀 원숭이(Macaca fascicularis)를 복제하는 데 성공하면서 화제를 모음과 동시에 정말 인간 복제 기술이 실현되는 것 아니냐는 논란이 일기도 했다.

최근 들어 복제 기술 분야에서 새롭게 주목하는 것이 'iPS 세포'다. iPS 세포는 인간의 피부 등에서 채취한 체세포에 특정 유전자를 주입하고 배양해서 만드는데, 다양한 조직이나 장기를 구성하는 세포로 분화할 수 있는 데다 거의 무한한 증식 능력을 보유하고 있다. 일명 '유도 만능 줄기세포', 영어로는 'induced pluripotent stem cell'이라고 표기하며 머리글자를 따 iPS 세포라고 부른다. 현재 iPS 세포는 본인의 장기나 신경세포를 증식시켜 면역거부반응 없이 이식하는 재생의료 분야에서 주목받고 있다.

체세포를 이용해 본인 장기를 재생한다는 건 부분적으로나마 자신의 복제본을 만드는 것과 같고 궁극적으로는 복제인간도 만들 수 있다는 소리다.

이처럼 유전공학 기술은 이제 인간 복제도 가능한 수준까지 진보했다. 그러나 복제인간 실험은 윤리적 관점에서 아직 시행되지 않고 있다. 일본에서도 지난 2000년 '인간 복제 기술 등의 규제에 관한 법률'을 공포하고 인간 복제를 금하고 있다.

다만 핵확산금지조약(NPT, Nuclear nonproliferation treaty)*처럼 금지만 해서는 비밀리에 실험을 진행하는 나라가 생길 수 있다. 영화 〈루팡 3세-루팡 VS 복제인간(Lupin III: The Mystery Of Mamo)〉에 등장하는 마모(Mamo)처럼 역사 속 독재자를 복제해

---

* 비핵보유국이 새로 핵무기를 보유하는 것과 보유국이 비보유국에 핵무기를 넘겨주는 것을 동시에 금지하는 조약-역주

되살리려는 무리가 어딘가 있을지도 모른다. 만약 인체를 그대로 복제할 수 있다 치자. 그렇게 탄생한 복제인간은 정말 자신과 똑같은 사람일까?

기본적으로 유전자가 같으면 사람의 신체 구조는 모두 똑같다. 다만 지식이나 경험, 거기서 파생되는 사상까지 복제되는 것은 아니기 때문에 자신과 똑같은 복제본을 만들려면 자신이 경험한 것을 하나도 빠짐없이 가르쳐야 한다.

이는 역으로 말해 난폭한 복제인간이라도 착하게 키우면 착한 사람으로 클 수 있다는 소리다.

인격은 어떻게 키우느냐에 달려 있다. 따라서 겉모습만 똑같은 복제인간을 만든다고 한들 별 의미가 없는 것이다. 아직은 미남이나 미녀의 외양을 영구히 보존하는 것 외에 복제 기술의 이렇다 할 쓸모가 떠오르지 않는다(웃음).

iPS 세포가 실현하는 꿈의 재생의료

iPS 세포란 유전자 복제본을 만들 때 사용하는 체외수정 기법과는 달리 세포에 직접 핵심 물질을 주입해 분열을 일으켜 증식시킨 세포를 말한다.

극단적이기는 하지만, 머지않아 머리카락 한 올만 가지고도 모든 신체 장기를 재생할 수 있는 날이 올 것이다.

이것이 바로 재생의료에 이목이 쏠리는 이유다. 지금 일본에서 시작된 세계 최초의 실험에서는 iPS 세포로 재생한 망막 조직이 쓰이고 있다.

아주 간략하게 말해 iPS 세포를 이용한 재생의료는 복제 기술의 일부이기도 하다. 본인의 간이나 각막을 복제해 이식하면 아무래도 면역거부반응이 잘 일어나지 않는다. 게다가 완전히 새로운 장기로 교체할 수 있는 만큼 모든 난치병 치료에 활용할 수 있다. 그야말로 '꿈의 재생의료'가 아닐 수 없다.

단 재생의료에도 문제는 있다.

이를테면 iPS 세포가 암세포로 바뀌는 것이다. 암세포도 어떤 자극을 받아 정상이었던 세포가 돌연 비정상 세포로 변질된 것인 것처럼 iPS 세포를 만들 때도 같은 현상이 일어날 수 있다. 이처럼 재생의료는 여전히 기술 혁신이 필요한 단계라 연구도 계속되고 있다.

내 전문 분야인 생태학은 어디까지나 자연의 흐름에 따른 생명현상을 대상으로 연구하는 학문이다. iPS 세포 같은 유전공학은 자연의 흐름에 상반되는 기술이기도 해서 보통 생태학자들은 유전공학을 좋게 보지 않는 경향이 강할 것이다(웃음). 유전공학 기술은 생태학 관점에서는 위험한 분야로 여겨지는 경우가 많다. 실제로 유전공학의 산물인 유전자 변형 작물(Genetically modified crops)은 위험성 논란으로 시끄럽다.

미국산 유전자 변형 유채씨가 일본을 덮쳤다고!?

클론이나 iPS 세포의 윤리관과 마찬가지로 유전자 변형 작물에도 빛과 그림자가 공존한다.

유전자 변형 작물이란 질병이나 해충에 강한 유전자를 작물의 DNA에 주입해 만든 일종의 '유전자 변형체(GMO, Genetically Modified Organism)'다.

예를 들어 곤충 병원균의 일종인 BT 균(Bacillus thuringiensis)은 살충효과가 있는 단백질을 생성하는데, 이 단백질 생성 유전자를 작물에 주입하면 실제 해충에 내성을 띠는 작물을 만들 수도 있다. 나아가 식물은 물론 균류가 아닌 생물에서 유용한 유전자를 찾아내 농작물에 주입할 수 있다. 하지만 이 기술도 잘못 사용하면 위험한 작물을 키울 우려가 있다.

유전자 변형 작물의 가장 큰 논점은 유전자 발현 과정을 우리가 충분히 파악하고 있는가 하는 점이다.

BT 균의 독소 유전자를 주입한 작물은 해당 유전자가 발현되면서 자체적으로 독소가 생성되어 해충에 내성을 띠게 된다. 그러나 이 독소 생성 유전자가 단순히 작물에 독소를 생성하는 기능만 있다는 보장은 없다.

새로운 유전자가 염색체에 들어오면 유전자끼리 상호작용이 일어나 염색체상의 다른 유전자 스위치에 불이 들어오기도 한다. 유전자 변형에 따른 세포 내 유전자 발현 메커니즘은 미지의 영역으로, 실제 우리는 무슨 일이 일어나는지도 모르면서 계속 유전자 변형 작물을 만들고 있는 셈이다.

물론 유전자 변형 작물의 안전성에 관한 기준은 있다. 그러나 실험동물을 이용한 위험 평가만으로 인체나 생태계에 미칠 위험성을 완전히 파악할 수 있는 건 아니다. 우리가 미처 보지 못한 사이, 유전자 변형 작물에서 자연 유래 물질과는 다른 물질이 만들어져 이를 장기적으로 섭취했을 때 인체에 어떤 식으로든 영향을 줄 가능성이 전혀 없다고는 할 수 없다. 더불어 생태계에 해를 끼치는 물질이 유발될 수도 있다.

지금의 평가 시스템으로는 이런 잠재적 위험인자를 모두 찾아내는 건 무리다. 따라서 언젠가 그런 위험인자가 발현될 수도 있는 것이다.

작물 말고도 유전자 변형체에는 늘 위험이 따른다.

만약 특정 약의 효과를 알아보려고 약제에 전혀 반응하지 않는 파리를 유전공학으로 만들려다 정말 어떤 약도 소용없는 파리를 만들었다 치자. 실험실 내부라면 어떻게든 처리할 수 있겠지만, 만에 하나 이 파리가 밖으로 나와 제어 불능 상태가 되면 그땐 정말 큰일이다.

실제 일본에서도 심각한 사례가 벌어지고 있다. 미국산 제초제에 내성을 지닌 유전자 변형 유채씨 유전자가 야외로 퍼지고 있다는 소식이다.

이 유전자 변형 유채씨는 제초제에 내성을 지닌 유전자를 가지고 있어, 어지간한 식물은 다 말려 죽이는 글리포세이트(glyphosate)라는 제초제를 뿌려도 잡초만 시들고 유채는 그대로 남는다. 참고로 이 내성 유전자는 미생물에서 발견된 것으로, 식물에서 유래한 것은 아니다. 그리고 일본에서 이 유전자 변형 유채씨를 직접 심어 재배한 것도 아니다. 식용유 제조를 위해 미국에서 씨앗을 수입해 항구에서 공장으로 운반하는 과정에서 조금씩 흘러나온 씨앗이 불특정 지역에서 야생화(野生化)되고 있는 것이다.

문제는 어떤 제초제도 소용없다는 점이다. 이대로 가다가는 제초제가 들지 않는 유채씨가 일본 전역에 뿌리를 내릴지도 모른다. 거기다 유전자 변형 유채씨 유전자는 꽃가루를 통해 일본에 자생하는 토종 유채꽃 군락지로 퍼질 수도 있다. 즉 유전자 변형 유채꽃과 일본 토종 유채꽃 사이에 교배가 일어날 수도 있다는 것이다.

지금까지 나온 국립 환경 연구소의 조사 결과에 따르면, 운반 중 흘러나온 유채씨가 발화(發花)한 서식지에서 벌이나 나비 같은 방화 곤충(訪花昆蟲)*이 꽃가루를 몸에 묻혀 다른 곳으로 운반하는 것이 밝혀졌다. 다만 꽃가루가 퍼진 지역에서 일본 토종 유채꽃과 유전자 변형 유채꽃이 뒤섞인 꽃이 피었는지는 아직 확인 중이다. 유전자 변형 유채씨와 섞인 품종이 일본 환경에 얼마나 적응하느냐에 따라서도 향후 유전자 확산 양상이 달라질 것으로 보인다.

위 사례에서 알 수 있듯이 변형된 유전자가 일본 영토로 유입되어 퍼질 우려는 얼마든지 있다.

일단 퍼지면 본래 일본에서 자생하던 품종이 사라질 뿐 아니라, 인간이 만든 외래 유전자가 자연계에 퍼질 것이다. 그리고 이런 외래 유전자 침투가 최종적으로 어떤 영향을 초래할지는 예측하기 어렵다.

지나치게 걱정한들 소용없다는 의견도 있지만, 유전자 시스

---

* 꽃가루 등을 운반하는 곤충-역주

템은 상당히 복잡한 데다 아직 밝혀지지 않은 것투성이인 미지의 영역이다. 그만큼 유전자 변형 기술은 신중히 접근해야 한다.

생물을 상대로 개발한 신기술이 몰고 올 위험은 공학적인 위험과는 차원이 다르다. 가령 신형 엔진을 장착한 자동차가 나왔다 해도 기본적으로 작동 원리만 파악하면 어떤 문제든 대처할 수 있다.

그러나 문제의 주범이 생물이라면 대처해야 할 범위도 생태계나 생물 집단까지 두루 확대되는 데다 문제를 일으키는 시스템 자체가 지극히 복잡하다.

세포 수준에서 이루어지는 유전자 간 상호작용, 개체 수준에서의 세포 간 상호작용, 생태계에서 이루어지는 종간, 또는 개체 간 상호작용이 환경에 따라 복잡한 양상을 띤다. 당연히 이런 상호작용 프로세스는 불확실성이 높고 예측하기도 어렵다. 즉 생물은 본디 제어가 불가능한 존재다.

따라서 인간이 다른 생물의 유전자를 조작하는 행위가 어떤 식으로든 위험성을 안고 있다는 사실을 충분히 인지해야 한다. 생물은 끊임없이 진화하고 변화한다. 당연히 유전자 변형체도 자연환경과 맞물려 어떻게 진화할지 모른다. 그 불안정성과 불확실성을 염두에 두고 생물의 공학적 개조에 잠재된 위험에 관해 충분한 논의가 이루어져야 할 것이다.

유전공학은 취급 주의가 필요한 기술

생물에 새로운 유전자가 주입되어 발생하는 위험은 자연계에서도 볼 수 있다.

여름철이면 종종 식중독의 원인균인 O-157로 대표되는 장관(腸管) 출혈성 대장균 관련 소식이 들리는데, 사실 이 대장균은 자연의 유전자 조작으로 탄생한 것이다.

보통 대장균에는 독성이 없다. 그러나 박테리오파지(bacterio-phage), 줄여서 파지라 불리는 박테리아(세균)를 숙주 삼아 살아가는 바이러스가 숙주인 대장균 DNA에 베로 독소(verotoxin)* 유전자를 실어 나르면 무독성인 대장균도 독성을 띠는 장관 출혈성 대장균으로 변모한다. 베로 독소 유전자는 원래 이질균에 내포된 독소 유전자로, 파지에 실려 대장균으로 옮겨가는 것이다.

이러한 현상을 유전자의 '수평 전파(horizontal transmission)'라고 하는데, 부모에서 자식으로 유전자가 전달되는 통상적인 유전 프로세스와는 달리 개체 간 혹은 종 간에 유전자가 이동하는 현상을 말한다. O-157처럼 바이러스가 유전자의 운반책이 되기도 하고, 개체 간의 세포 접합으로 유전자가 전달되기도 한다.

유전자의 수평 전파는 자연 현상이지만, 현재의 유전자 변형

---

* O-157을 생산하는 단백질 독소-역주

기술을 사용하면 인공적으로 똑같이 재현하는 것도 가능하다.

이를테면 O-157에 콜레라균이나 더 위험한 균을 집어넣어 생물무기(biological weapon)*로 쓸 수 있는 최강의 유독(有毒) 박테리아를 만드는 것도 불가능하지는 않다. 이렇듯 유전공학 기술은 어떻게 쓰느냐에 따라 매우 위험한 기술이 될 수 있다.

유전공학을 매우 앞선 만능 해결사 같은 과학 분야로 여기는 분도 계실지 모르나, 실제 취급에는 충분한 주의가 필요한 민감한 기술이라는 점을 명심해야 한다.

일본에서도 유전자 변형체나 병원체 실험은 철저하게 격리된 시설에서 관계 부처 허락하에 이루어진다. 실험 개시 허가뿐만 아니라 실험이 끝나면 모든 실험 재료와 기자재를 고압으로 멸균해야 하는 등 엄격한 제약이 따른다.

그러나 인간이 고안한 보호책은 허술하다. 인위적인 실수로 언제, 무슨 일이 일어날지 모른다. 특히 자연재해가 빈번한 일본에서는 지진이나 태풍, 회오리로 시설 자체가 망가질 수도 있다.

---

* 티푸스, 콜레라 등의 병원균이나 독소 또는 독소 생산 균을 재료로 만든 병기-역주

애초에 유전자 변형체를 취급하는 인간이 모두 선한 사람이라는 보장도 없다. 이래저래 유전자 변형 기술에는 미해결 과제가 포함되어 있다는 사실을 알아야 한다.

유전자로만 삶이 결정되는 것은 아니다

최근에는 인간의 삶 자체가 유전자 지배를 받고 있다는 유전자 만능론을 주장하는 책이나 이슈가 이목을 끄는 일도 많다. 지적 능력이나 성격, 수명 등이 유전적 변이이며, 각각의 형질을 지배하는 유전자가 존재하기 때문에 '어차피 인간은 유전자 속박에서 벗어날 수 없다'라는 식의 발상에서 파생된 이론일 것이다. 분명 인간의 형질, 특히 얼굴이나 키 같은 표현 형질에는 유전자 영향이 강하게 드러난다.

그러나 사람의 인생을 모조리 유전자가 결정하는 것은 절대 아니다. 인간의 성장 과정에는 여러 환경 요인이 영향을 끼친다. 음식 등 영양 섭취 상태나 친구나 선생님 등과의 인간관계, 소설이나 그림 같은 예술적 요소 등 한 사람이 평생 무엇을 경험하고 접하느냐에 따라 신장이나 체중과 같은 표현 형질은 물론 성격도 바뀐다. 나아가 본인 노력에 따라서도 형질이나 성질은 달라진다.

인간 형질에 유전자가 영향을 미치는 것은 분명하다. 예를 들어 급한 성미나 강한 호기심과 같은 성격적인 기질은 어느 정도 유전에서 기인한 것이라 알려져 있다.

다만 그조차 양육 방법이나 환경에 따라 달라진다. 인간의 뇌는 복잡하며 경험으로 얻은 지식이나 기억에 근거해 자신이 살아갈 방식을 결정할 수 있다.

자신의 의지로 환경을 선택하고 훈련을 통해 더 나은 방향으로 삶의 방식을 바꿀 수도 있다. 즉 인간은 유전자 지배에서 스스로 벗어날 수 있는 생물이다.

그렇기에 인간에게는 자연 선택이라는 원리를 극복하고 풍요로운 사회를 이룩할 잠재력이 숨어 있는 것이다.

무엇보다 인간은 혼자 살지 않고 사회 속에서 여러 사람과 관계를 맺으며 살아간다. 다른 사람과 공존하며 집단 속에서 단점을 보완하고 서로 협력하며 살아간다. 혼자서는 감당할 수 없는 문제가 생기면 개인이 아닌 사회 전체가 함께 해결한다. 이것이 인간 사회의 강점이라고 생각한다.

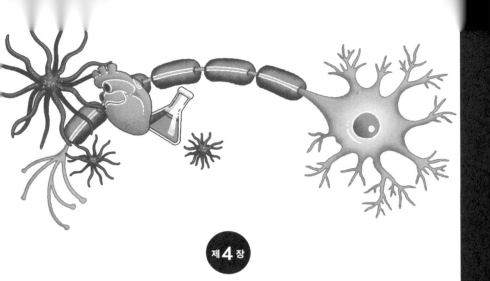

제 4 장

우생학

우생학을 인간 사회에 끼워 넣어서는 안 된다

우생학 뒤에 숨은 위험한 사상

'우생학(eugenics)'이라는 개념이 있은 지는 오래됐지만, 구체성을 띤 과학적 논의는 1860년대의 인류학자이자 통계학자였던 프랜시스 골턴(Francis Galton, 1822~1911)이 시작했다.

골턴은 찰스 다윈의 진화론이 담긴 『종의 기원』에 자극을 받아 인간 사회에 다윈주의(Darwinism)를 적용하는 방안을 연구했다. 그는 1869년에 발표한 저서 『유전적 천재(Hereditary Genius)』에서 인간의 재능은 대부분 유전자로 결정되기에 더 나은 인간 사회를 만들려면 재능 있는 인간의 우수한 유전자를 선별해야 한다고 주장했다. 그러나 이 이론은 역설적으로 유전적으로 뒤떨어지는 인간은 사회 발전의 걸림돌인 만큼 도태시켜야 한다는 생각으로 이어졌다.

근대로 접어들면서 우생학적 이론은 다양한 우생 정책을 만들어내기에 이르렀다. 미국에서는 1907년부터 1923년까지 32개 주(州)에서 장애인이나 범죄자가 아이를 낳지 못하도록 불임 수술을 강제하는 '단종법(斷種法, Sterilization Law)'이 시행되었다.

나치 독일의 아돌프 히틀러(Adolf Hitler, 1889~1945)도 열렬한 우생학 신봉자로, 독일 민족(아리아인)은 세계에서 가장 우수한 민족이고 유대인은 민족 발전의 장애물이라고 멋대로 규정하며 유대인 대량 학살(Holocaust)을 강행했다. 심지어 건강하고 잘생긴 젊은 남녀를 모아 강제로 결혼시키는 등 독일 민족의 '품종 개량'을 시도하기도 했다.

안타깝게도 일본에서도 최근까지 우생학적 이념이 노골적으로 반영된 정책이 시행됐는데, 바로 1948년에 제정된 '우생 보호법'이 그것이다. 이 우생 보호법 제1조에는 '우생상의 견지에서 불량한 자손의 출생을 방지하고 동시에 모성의 생명 건강을 보호하는 것을 목적으로 한다'라고 적혀 있다. 여기서 말하는 '우생상의 견지'란 우생학적 사상을 뜻한다. 즉 의학적, 신체적, 정신적으로 평균치(건강한 아이)에서 벗어난 아이는 낳지 않는 것이 좋다고 정부가 제멋대로 결정한 것이다. 그리고 반강제적으로 단종 수술(불임수술)이나 임신중절 수술을 시행했다.

이 법률에 근거해 지적 장애나 정신 장애 외에 한센병(Lepro-sy)* 환자도 단종 대상이 되었다. 게다가 이 법률이 1996년까지 시행되었다고 하니, 제법 최근까지도 우생학 사상이 일본 사회에서 법률로 뿌리를 내리고 있었음을 알 수 있다.

지난 2018년, 구(舊) 우생 보호법으로 인해 동의도 없이 강제 불임수술을 받아야 했던 피해 환자들이 국가를 상대로 사죄와 보상을 요구하는 소송을 냈던 것을 여러분도 똑똑히 기억할 것이다.

이렇듯 인간 사회에 원래 만연해 있던 차별 의식이나 차별제도에 진화유전학을 억지로 끼워 넣어 차별의 정당성을 주장한 것이 우생학 사상이었다. 열등한 인간이나 인종은 배제되어야 한다는 사상에 과학 이론이 악용된 것이다.

결과적으로 진화론이 없었다면 우생학과 같은 과학 이론을 이용한 차별은 없었을지도 모른다. 우생학이라는 인위도태(arti-ficial selection)** 개념이 법률로까지 발전할 수 있었던 밑바탕에는

---

* 나균이 피부, 말초신경계, 기도 점막을 침범해 조직을 변형시키는 질환-역주
** 인간이 의도적으로 어떤 생물의 특정 형질만 남기거나 없애 그 생물의 형질을 일정한 방향으로 유도하는 것-역주

'자연선택설'이 관여하고 있음을 부정할 수는 없다.

여기서 자연선택설이란 환경 적응력의 우열에 따라 살아남는 형질이 결정된다는 다윈의 이론이다.

현재 지구상에 살아 있는 모든 생물의 형질은 지금껏 환경에 적응해온 결과물이다. 예를 들어, 코가 짧은 코끼리나 목이 짧은 기린은 도태된다. 최적의 형질에서 벗어난 생물일수록 부적합으로 판명되어 환경에서 배제된다. 적응과 부적응은 환경이 결정하는 것이다.

단 환경이 바뀌면 지금까지 불리했던 형질도 유리해질 수는 있다. 일례로 엄청난 몸집을 자랑하는 공룡은 지구상에 1억 6,500만 년이나 생존했다. 온화한 날씨와 거대 식물 같은, 공룡처럼 큰 종일수록 살기 유리한 환경이 그만큼 오래 지속됐던 덕분이다. 반면에 포유류는 공룡 같은 대형 동물에게 생태적 지위, 즉 먹이나 거처를 계속 점령당하는 바람에 크게 진화할 여지가 없었다.

그러던 지구에 소행성이 충돌하면서 찾아온 급격한 기후 변화로 지구 전체 온도가 내려가더니 서식하는 식물 종이 크게 달라지면서 생태계의 위계질서가 뒤바뀌고 말았다. 공룡은 그간 자기들의 최대 무기였던 커다란 몸집이 덫으로 작용해 먹이 부족에 시달리다 대부분 멸종했고, 반면에 포유류는 작은 몸집 덕에 얼마 안 되는 먹이로도 살아남을 수 있었다. 게다가 위도에 따른 기온 차가 뚜렷해지고 지역에 따라 계절도 달라지는 등 지구 환경은 공간적으로나 시간적으로나 변동 폭이 커졌지만, 오랫동안 안정된 환경에만 특화돼 있던 공룡은 이런 변화를 따라가지 못하고 진화에 실패해 점점 개체수가 줄어들었고, 원시 형질을 간직한 채 진화에서 밀려 있던 포유류는 이때부터 일제히 진화를 거듭하며 새로운 환경에 점차 적응해 나갔다.

더불어 변화무쌍한 자연환경에서는 공룡처럼 알에서 태어나기보다 포유류처럼 모태(母胎)에서 태어나는 편이 더 유리했기 때문에 포유류가 생태계에서 차지하는 비율은 점점 커져만 갔다. 나중에는 육지뿐만 아니라 바다를 포함해 지구 곳곳으로 서식지를 넓혔고 점차 다양한 종으로 분화하더니 급기야 인간까지 탄생시키기에 이르렀다. 인간은 그저 운석한테 고개 숙여 감사해야 한다. 운석의 충돌이 없었다면 지구는 영원히 공룡 시대에 머물렀을 수도 있고, 그랬다면 우리 인간도 탄생하지 못했을 것이다.

참고로 공룡도 완전히 사라진 것은 아니다. 현재의 조류는 그 옛날 공룡 중에 깃털을 지닌 종이 작고 가벼운 형질로 진화해 탄생한 것이다. 즉 지금 우리가 일상적으로 마주치는 참새도 까마귀도 닭도 모두 공룡의 자손인 셈이다.

우생학을 인간 사회에 적용해서는 안 된다

자연도태가 우생학 이론의 토대가 됐다고는 하나, 야생동물 세계에서 벌어지는 자연도태는 다 일어날 만해서 일어나는 자연 현상이다. 병치레가 잦은 개체는 금방 죽고 약한 유전자는 집단에서 사라지듯 자연계에서는 늘 환경에 적합한 개체가 살아남는 시스템이 작동한다.

그러나 자연계에서 벌어지는 우생학적 이론을 인간에게 적용하면 왜곡이 생긴다. 특히 집단 유전학(population genetics) 관점에서 일부 윤리적 오류를 일으킨다. 집단 유전학이란 집단 내 또는 집단 간에 유전자가 어떻게 작용하는지 조사하는 학문이다.

유전자는 어떤 환경에서 특정 형질이 갖는 우위성이나 집단 내 개체수에 따라 발현 빈도가 바뀐다. 환경에 적응해 우위에 놓인 유전자라면 그 유전자를 가진 개체는 살아남을 확률이 높고 자손을 남길 확률도 높아 집단 내에 급속히 퍼진다.

집단 유전학은 각각의 유전자를 지닌 개체가 살아남을 확률, 태어나는 자손의 수 등을 계산해 유전자가 집단 내에 퍼지는 속도나 확률을 구하는 학문이다. 예를 들어 어떤 환경에서 A 유전자를 가진 개체가 자손을 두 마리밖에 낳지 못하고, B 유전자를 가진 개체가 열 마리를 낳는다면, 최종적으로는 소수의 자손밖에 남기지 못하는 A 유전자가 소수파가 될 것이다.

이를 수학적으로 계산하면 세대를 거듭할수록 환경에 불리한 유전자는 줄어든다는 걸 알 수 있다. 수학 데이터만큼 자연도태에 따른 유전자 발현 빈도의 추이, 즉 유전자의 운명을 잘 보여주는 것도 없다.

다만 집단 유전학이 우생학적 논리를 펼치는 학문이 아님에도 집단 유전이라는 수학적 개념을 바탕으로 자연도태가 어떻게 이루어지는지 살펴보다 보면 "나쁜 유전자는 본디 줄어들 수밖에 없는데, 이 나쁜 유전자를 계속 유지하는 건 자연의 원리에도 반하고 사회나 인간한테도 전혀 좋지 않아"라는 식의 논리로 이어질 우려가 있다.

이 논리대로라면 "인간 사회에는 사회보장 제도 덕에 연약한 인간도 살아서 자손을 낳다 보니 약한 유전자도 계속 남아 있어. 본디 배제돼야 할 유전자가 사라지지 않고 남아 있다면 나쁜 유전자가 쌓여서 결국 인간 사회는 무너질 거야"라는 식의 극단적인 생각도 가능하다.

그렇다고 진화론을 주창한 다윈이나 집단 유전학 학자에게 잘못이 있는 건 아니다. 진화론도 집단 유전학도 직접적으로 우생학을 인용하며 자기들 이론을 펼치지는 않지만, 교과서에서 진화론이나 집단 유전학을 접한 학생 중에는 우생학 논리를 믿는 사람도 있을지 모르겠다. 분명 나쁜 유전자의 도태는 학문적으로는 옳다. 그러나 이를 그대로 인간 사회 구조 이론에 적용하는 것은 자의적 해석이며 경솔한 행위를 유발할 수 있다.

인간은 자연도태를 거부하고 협력을 통해 살아남은 존재

자연도태에 근거한 우생 이론은 인간이 야생동물처럼 사는 종이었다면 과학적으로 타당하다고 할 수 있다. 그러나 인간은 사회를 구축했으며, 동물적인 삶이 아닌 문화적인 삶을 선택했다. 문명 사회 속에서 우리 인간은 사랑을 나누고 예술을 누리며 풍부한 먹거리를 즐긴다. 이런 풍요의 원천은 다름 아닌 다양한 유전자이자 다양한 감각에 있다.

인간 사회는 동물 사회와는 전혀 다른 형태로 발전하기 때문에 서로 다른 유전자를 가진 다양한 사람이 필요하다. 이 점을 간과한 채 동물학적 기능만 기준 삼아 특정인을 배제한다면 인간 사회는 정작 중요한 유전자를 잃을 수 있다. 이는 인류의 미래에 커다란 손실이 아닐 수 없다.

애당초 인간은 엄격한 자연도태 원리를 거스르고 유약한 존재끼리 서로 도우며 살아남았다. 협동과 이타적 행동으로 유지되는 사회를 만든 덕에 자연계에서도 번영할 수 있었다. 즉 야생 세계와는 확연히 구분되는 휴머니티가 있었기에 마음 놓고 안전하게 지낼 수 있는 풍요로운 사회를 유지한 것이다.

우생학은 동물학적으로는 옳을지 몰라도 인간 사회에는 큰 폐해를 초래한다. 우열을 가르는 기준은 시대에 따라 달라진다고 생각한다. 지금 시대에는 계산력이 좋고 요리를 잘하는 등 어떤 재주가 있어야 훌륭한 유전자라고 한다. 그러나 옛날에는 빼어난 사냥 실력이나 빠른 발처럼 뛰어난 운동 신경을 좋은 유전자라고 여겼다. 지금은 발이 느려도 차가 있으니 상관없지만(웃음).

좋고 나쁨의 기준은 인간의 입맛에 따라 제멋대로 규정된다. 그런 모호한 기준으로 생명을 '낳을지 말지'를 마음대로 정할 수는 없다. 자연의 섭리와 인간의 이기심을 혼동해서는 안 된다.

우생학은 이론에 대한 충분한 검토 없이 권력자가 정치적으로 과학을 악용한 대표적인 사례다. 이제는 많은 국가에서 인권과 여성의 권리를 인정하며, 소수자 목소리에 귀 기울이는 성숙한 사회를 지향하고 있다.

그럼에도 현대 사회에는 여전히 뿌리 깊은 차별 의식이 남아 있고, 심지어 과거에는 차별 의식을 조장하고자 우생학을 이용했던 어두운 역사도 있다. 과학적 소양 혹은 윤리적 감수성이 뒷받침되지 못했던 시대가 낳은 비극이라고도 할 수 있다.

차별이라는 인간의 그늘진 속성 뒤에 진화론이라는 과학 이론을 악용했던 역사가 있다는 사실은 현재를 사는 우리가 절대 잊지 말아야 할 사실이며 교훈으로 삼아야 할 사례다.

'괴짜나 별종'을 배제해서는 안 된다

우생학은 정말 어렵고 민감한 문제다. 솔직히 나 같은 생물학 연구자 중에서도 "장애아가 태어나거나 장애아가 있는 혈통이라는 사실을 알았다면 아이를 낳아서는 안 된다"라고 주장하는 사람도 적지 않다.

분명 현재 일본 사회에서는 실생활에서 감수해야 할 어려움도 많고 사회보장 제도에 세금이 든다는 경제적 이유로 장애인을 결함이 있는 존재로 보는 사람도 적지 않을 것이다.

그러나 만약 장애인을 결함이 있는 존재로 보고 선을 긋는다면 도대체 그 선은 누가 그어야 할까? 그리고 우리가 허용할 수 있는 결함의 범위는 어디까지일까? 과연 기준이라는 게 존재하기는 할까? 반대로 '온전한 인간이란 어떤 인간인가' 하는 물음에 답은 있을까?

다들 자신이 정상이라 생각하겠지만, 우리는 저마다 개성이 있음에도 상대의 개성을 보며 이상하다고 여기는 경우가 대부분이다. '상대가 무슨 생각을 하는 건지 모르겠다', '왜 그렇게 생각하는지 이해할 수 없다'라며 종종 의아해한다. 굳이 말하지 않아도 서로의 의중이 전해질 만큼 마음이 통하는 상대는 만나기 어렵고, 설령 만난다 해도 어딘가 어긋나는 부분은 반드시 생기게 마련이다. 일란성 쌍둥이처럼 유전자가 똑같고 자란 환경이 비슷하다 해도 저마다 지닌 개성은 다르다. 사람마다 가치관이나 감각은 다를 수밖에 없는 것이다. 실은 이 당연한 '이질성'이 우리가 소위 '이상한 사람'을 보며 느끼는 감상의 정체다.

그렇게 생각하면 정상을 규정하는 기준이란 무엇인가라는 질문에 답은 있을 수 없다.

나를 포함해 다들 자신은 정상이라고 생각하겠지만, 남이 보면 어딘가 이상한 부분은 있다. 가령 저마다 지닌 형질별로 수치를 매겨 그래프를 그리면 평균값 주변에 다수가 몰려 있기야 하겠으나, 누구든 어떤 형질에서는 이 평균값에서 벗어나 있기 마련이다. 게다가 평균값 자체도 지역이나 환경에 따라 달라진다.

머리털 색깔만 봐도 일본에서는 대부분 검은색 같은 짙은 색이 기본이자 평균값이지만 외국에 가보면 금발이 평균값인 나라도 여럿 있다. 게다가 평균값은 시대에 따라서도 달라진다. 헤이안 시대(794~1185년)에는 치아를 검게 물들이는 화장법이 멋의 표준이었으나, 지금은 그런 흉내를 냈다가는 변태 취급받기 십상이다. 결국 정상과 비정상을 가르는 절대적인 정답은 없다.

이 책의 주제 중 하나는 다양성이다. 다양성은 다음 단계로 진화하기 위한 토대가 된다. 앞으로도 지금의 환경이 안정적으로 이어질지는 알 수 없다. 천재지변이 일어날 수도 있고 문화나 사회도 어떻게 발전할지 모를 일이다.

　따라서 다양한 재능과 개성이 있어야 변화에 맞서 높은 적응력을 발휘할 수 있다. 흔히 예술가 중에 별종이 많다고들 한다. 실제로 세간에서 천재 소리를 듣는 어떤 이가 알고 보니 괴짜였다는 식의 후일담이나 에피소드도 적지 않다.

　괴짜나 별종은 좋은 쪽으로 표현하면 '색다름'을 제시하는 인물이다. 만약 그 색다름을 범인(凡人)의 상식을 내세워 괴짜라고 선을 긋는다면, 우리 사회는 과학은 물론 예술이나 문화면에서도 발달이 정체된 매우 지루한 곳이 될 것이다. 저마다 어떤 재능이 있을지는 모른다.

　상식을 내세운 성급한 선 긋기로 괴짜와 별종을 배제하는 것은 인간다움을 저버리는 일이다. 예를 들어, 현대인 중 많은 수가 이미 안경을 쓰고 있다. 근시는 유전이라고도 하는데, 생물학적으로 보면 낮은 시력을 유발하는 해로운 유전자이므로 배제하는 것이 맞다.

하지만 눈이 나쁘다는 핸디캡이 있어도 인간은 저마다 핸디캡을 뛰어넘는 다양한 재능과 능력으로 사회나 문화에 공헌할 수 있는 존재이기 때문에 사회에서 존중받는 것이다.

우리 사회에서 '나는 온전한 사람이다'라고 생각하는 것은 오만이다.

생물학적으로는 인간은 살아 있는 기형 생물이라고도 할 수 있다. 야생의 영장류에 비해 지극히 가녀린 몸으로 벌거벗은 채 이족보행을 하는 머리 큰 이상한 동물이 인간이기 때문이다. 그렇다고 발이 엄청 빠른 것도 아니고 힘도 세지 않다. 수영을 잘해서 몇 킬로미터씩 헤엄을 칠 수 있는 것도 아니다. 생물학적으로 보면 지극히 결함투성이인 인간이 생존할 수 있었던 건 협동과 지식, 경험의 축적 덕분이다.

우생학 이론을 내세워 인간을 배제한다면 협동 사회를 유지하는 동물이라는 인간의 특징은 사라질 것이며, 이는 바로 인간이 지닌 '마음'의 상실을 뜻한다.

생물학자로서 내가 생각하는 인간다움, 즉 인간이라는 종의 특성은 모든 개성을 인정하고 각자의 재능을 사회에 녹여 풍요로운 문화를 만드는 데 있다. 이 특성이야말로 연약하고 헐벗은 원숭이였던 인간이 지구상에 살아남아 이제는 생태계의 최상위자로 군림할 만큼 번영할 수 있었던 유일한 이유라고 생각한다.

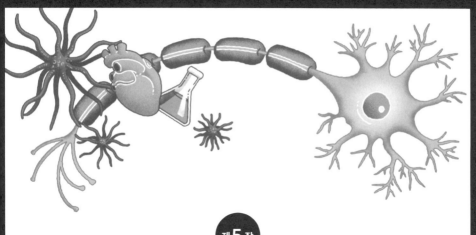

제 5 장

생물 다양성

외래종만 애물단지 취급해도 될까?

BIOLOGY

인간 사회의 발전은 생물 다양성 덕이다

이 장에서는 내가 본업으로 연구 중인 '생물 다양성'에 관해 얘기해보고자 한다.

생물 다양성이란 말은 1980년대에 처음 등장했다. 하버드 대학 생물학 박사 에드워드 오즈번 윌슨(Edward Osborne Wilson, 1929~2021)을 비롯한 미국의 학자들이 제시한 'biological diversity' 혹은 'biodiversity'라는 개념을 직역한 표현이 바로 생물 다양성이다. 기존의 자연 보호라는 개념을 한층 더 과학적이고 체계적인 관점에서 바라보고 '유전자와 종, 생태계의 다양성을 중시하고 보전함으로써 생물 및 생태계와의 공생을 도모하자'라는 의미다.

이 표현이 국제적으로 쓰이기 시작한 것은 1992년 브라질의 리우데자네이루에서 열린 '유엔환경개발회의(지구정상회의)'(UNCED, United Nations Conference on Environment and Development)에서였다. 여기서 '기후변화협약', 이른바 지구온난화 방지 협약과 '생물다양성협약'이라는 두 개의 중요한 국제협약이 194개국 합의로 채택되면서 생물 다양성이라는 환경문제가 주목받게 되었다.

하지만 이 책을 읽는 여러분도 생물 다양성이라는 말을 들어본 적은 있어도 그 의미나 의의까지는 잘 모른다는 사람이 대부분일 것이다.

우선 우리가 살아가는 환경을 지탱해주는 것이 생물 다양성이라는 걸 알았으면 한다.

생물에는 다양한 종이 있고 각각의 종에는 저마다 기능이 있다. 그리고 그런 생물들의 집합으로 이루어진 생태계에서 인간은 물, 공기, 식량 등을 공급받으며 살아간다.

그만큼 인간이 생존하는 데 필수적인 환경 요소가 다름 아닌 생물 다양성이다. 따라서 현존하는 생물이 이 지구상에서 자취를 감추는 것, 즉 생물의 멸종은 인간에게도 사활이 걸린 문제다. 다시 말해 생물 다양성 감소는 인류 존속과 관련된 중대한 사안인 것이다.

생물 다양성을 좀 더 자세히 살펴보자.

생물 다양성은 유전자의 다양성에서 비롯된다. 앞서 설명한 생물의 진화 과정을 생각해보면 유전자 다양성이 종 다양성을 낳는다는 사실을 알 수 있다. 그리고 종이 모여 생태계라는 시스템을 구축하는데 여기에도 다양성이 존재한다.

즉 숲에는 숲에 사는 다양한 생물 종이 모여 숲속 생태계를 형성하고, 강에는 강에 서식하는 생물 종이 모여 강의 생태계를 이룬다.

나아가 지구상에는 다양한 지형과 기후가 있다. 생물은 각각의 환경에 적응하며 독자적인 생태계를 구축하는데 그 과정에서 독특한 경관(景觀)이 형성된다. 이것이 경관의 다양성이다. 이처럼 생물 다양성이란 유전자라는 미시적인 차원에서 출발해 경관이라는 거대한 공간을 형성하기까지 생물이 엮어내는 다양한 세계를 총칭하는 개념이다.

물론 다양성을 낳는 환경은 지역마다 다르다. 지역 고유의 환경이 지역 고유의 유전자를 길러 종을 낳고, 고유의 종이 고유의 생태계를 구축한다. 이 일련의 과정을 통해 독특한 경관이 형성되는 것이다. 지구상에 존재하는 다양한 지역의 이질적인 자연

환경은 여러 생물을 낳고 이는 곧 생물 다양성으로 이어진다.

그리고 이 다양한 생태계들이 제각기 독자적으로 기능하면서 물과 공기, 먹이가 꾸준히 공급되는 생물권(生物圈)을 형성한다. 인간도 하나의 생물 종으로서 이 생물권에서 살아가고 있다. 생물권을 유지해주는 생물 다양성이 없으면 인간은 먹지도 마시지도 숨 쉬지도 못한다. 다양한 생물이 있기에, 즉 우리 주변에 있는 생물자원이 제 기능을 발휘해주는 덕에 인간이든 다른 생물이든 안정적인 생활 기반을 얻을 수 있는 것이다.

동시에 우리 인간은 여러 경관과 생물에서 얻은 영감으로 사회적, 문화적 다양성도 구축해왔다. 사막이나 북극, 태평양 연안 등 지역마다 다양한 문화가 형성됐는데, 이는 인간과 자연의 교류로 탄생한 것이다.

일본인도 일본 열도라는 환경에 맞춰 독자적인 문화를 발전시켜왔다. 오늘날 일본 고유의 문화는 국제사회에서 높은 평가를 받고 있다. 무형 문화유산으로 대표되는 일본의 다양한 전통 문화뿐만 아니라 코미디언인 피코 타로*의 뮤직비디오 「펜-파인애플-애플-펜(Pen-Pineapple‒Apple-Pen, PPAP)」이 유튜브에서 조회수 1억 건을 돌파하기도 하고 영화감독 겸 코미디언인 기타노 다케시가 만든 영화가 칸 국제영화제에서 호평을 받는가

---

* 본명은 고사카 가즈히토로, 피코 타로는 고사카가 분장한 캐릭터-역주

하면 일본 애니메이션이 해외에서 선풍적인 인기를 끌기도 한다. 최근에는 시부야의 핼러윈 가장행렬에 외국인이 대거 참여하는 등 일본이 만드는 새로운 문화에도 세계의 이목이 쏠리고 있다. 이러한 일본 문화는 일본이라는 환경과 생태계, 경관에 뿌리를 둔 일본인 특유의 감성이 빚어낸 개성이라고 할 수 있다.

이처럼 인간 사회는 생물 그리고 생물 다양성 덕에 이만큼 발전할 수 있었다. 생물 다양성은 인간에게 없어서는 안 될 생활 터전이자 사회 기반이기도 한 것이다.

역대급 속도로 생물 종이 사라지는 대멸종 시대

생물은 현재 알려진 것만 해도 190만 종에 이른다고 한다. 알려지지 않은 종까지 합치면 지구상에는 1000만 종 내지는 1억 종의 생물이 살고 있다는 말도 있다.

실은 종을 세는 방법도 까다롭다. 원래는 형태 차이를 기준으로 종을 나누었지만, 최근 들어 DNA의 배열 차이까지 고려하게 되면서 외양은 정말 비슷한데 다른 종으로 분류되는 경우도 생기고 있다. 사실 종을 어디까지 구분할지 하는 문제는 생물학자 사이에서도 여전히 결론이 나지 않았다. 종이라는 개념은 인간이 생물한테 이름표를 붙이기 위한 것이라 과학적 기준

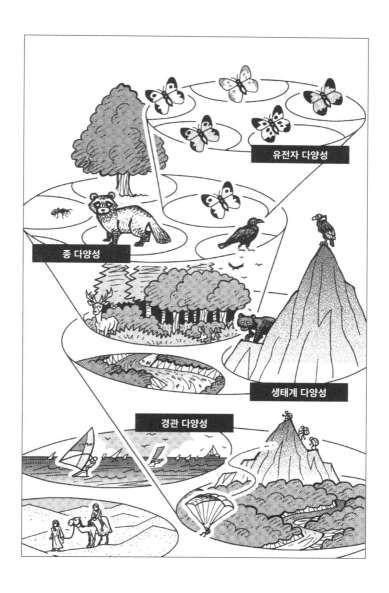

유전자 다양성

종 다양성

생태계 다양성

경관 다양성

은 방향성에 따라 얼마든지 추가할 수 있기 때문이다.

현시점에서 지구상에 서식하는 종의 수는 정확하게 파악되지 않았으나, 현재 다양한 생물 종이 급속도로 자취를 감추고 있고, 그 대부분이 인간 활동에 따른 환경문제가 원인인 것은 확실하다. 이 현상이 인간에게 대수롭지 않은 일인지, 매우 위협적인 일인지조차 아직은 모른다. 그러나 생태계라는 거대 시스템에서 차례차례 생물 종이 사라지는 상황은 마치 수염 난 해적선 선장이 갇힌 나무통 틈새를 검으로 푹푹 찌르는 '통 아저씨' 게임과 비슷하다.

지금은 괜찮아도 핵심종(keystone species)*이 사라진다면 봇물 터지듯 다른 종도 잇따라 멸종할 수 있다. 어떤 종 하나가 사라졌을 뿐인데 그 여파로 주변의 다른 종도 사라지는 것이다. 우리가 생태계를 속속들이 파악하고 있다면 그나마 멸종에 따른 위험을 예측할 수 있겠지만, 현재는 무분별하게 자연을 망가뜨리고 있어 언제 생태계 붕괴가 일어날지 가늠할 수 없는 위태로운 상황이다.

쉬운 예를 하나 들어보자. 어느 호수에 방생한 나일퍼치(Nile Perch)라는 외래종 이야기다. 참고로 나일퍼치는 아프리카산 민물고기로, 몸길이가 최장 2미터에 달하는 육식성 어류다. 이 외

---

* 생태계에 존재하는 종 가운데 그 존재가 생태계 내 다른 종 다양성 유지에 결정적인 역할을 하는 종-역주

래어종을 상업적 목적으로 호수에 풀어놓자, 얼마 지나지 않아 나일퍼치는 그 호수에 서식하던 토종 물고기를 모조리 잡아먹으며 급속도로 번식했다. 불어난 나일퍼치를 잡아다 내다 판 덕에 경제적으로 윤택해진 어민들은 내친김에 근처 숲속 나무까지 베어 수출용 생선을 가공할 때 필요한 연료로 썼다. 그러자 숲이 황폐해지면서 적토가 호수로 흘러들었고 끝내 호수마저 심각하게 오염되면서 나일퍼치도 잡을 수 없게 되었다……. 이는 아프리카의 고대 호수인 빅토리아 호수에서 벌어진 실화다. 단 한 종의 외래종이 생태계와 인간 사회를 망가뜨린 비극적인 사례다.

생태계는 호수나 섬 등 주변 생태계와 어느 정도 연결되어 있으면 복원력이 강하지만 주변 환경으로부터 고립되면 쉽게 무너진다. 어느 한 종을 없애버리면 금세 나머지도 붕괴하고 마는 것이다.

하나의 생태계가 무너졌을 때, 지구 전체에는 어떤 변화가 생길까? 지구라는 시스템은 거대해서 생물 한두 종이 멸종한다고 당장 큰일이 벌어지진 않는다. 그러나 지역단위의 생태계 붕괴가 연달아 일어난다면 이것이 향후 지구 전체에 얼마나 큰 영향을 미칠지는 예상할 수 없다.

자연은 깊고 광활해서 단편적인 부분이라면 모를까 전체를 파악하기는 어렵다. 게다가 다 결과론일 뿐, 모든 자연 현상을 하나의 과학 법칙으로 설명하기란 지극히 힘든 일이다. 각각의 생명현상은 아주 드물게 일어나는 우연의 산물이다.

지역에 따라 종의 비율도 다르고 시간과 공간에 따라 변이는 계속 일어나기 때문에 인간의 지성이 따라잡을 새도 없이 생물과 생태계는 끊임없이 변한다. 그러다 우리도 모르는 새에 어떤 종이나 집단이 사라지거나 생태계가 돌변할 수도 있다.

생물이나 생명에 관한 인간의 지식은 아직 미흡하다. 따라서 좀 더 탐구할 장이 필요하다. 그런데 미처 조사도 하기 전에 생태계가 망가진다면 어찌할 도리가 없다. 적어도 생명을 좀 더 이해하기 위해서라도 자연은 있는 그대로 보존되어야 한다.

물론 인간이 있든 없든 이 지구상에는 과거부터 현재에 이르기까지 여러 생물이 멸종되거나 새롭게 탄생했다. 환경이 바뀜에 따라 한때 번성했던 종이 새 환경에 적응하지 못하고 사라지거나 적응에 성공한 새로운 종이 그 자리를 차지하는, 이른바 종의 신구(新舊) 교체가 반복되고는 했다. 단 교체 주기는 천 년 내지 만 년 단위였다. 즉 자연 상태에서도 보통 만 년이면 종이 소멸했던 것이다.

그러나 오늘날 인간은 엄청난 기세로 종을 소멸시키고 있다. 그 속도가 자연적인 소멸 주기보다 훨씬 빠르다는 것이 문제다.

이렇게 급격한 멸종을 초래한 가장 큰 요인은 다름 아닌 인간의 화석 연료 발견에 있다.

예를 들어 나무를 베는 행위 하나만 해도 나무꾼이 도끼를 이용해 인력으로 나무를 베면 그 속도에는 한계가 있다. 그러나 전기톱과 불도저 같은 기계나 중장비로 거침없이 대량의 나무를 베어내는 시대에 접어들자, 삼림 파괴 속도는 현격히 빨라졌다. 아울러 외래종도 증기선이나 비행기가 등장하면서 운반 양은 물론 운반 속도나 거리도 비약적으로 늘어났다. 화석 연료를 사용하게 되면서 인간은 인간 이상의 힘을 휘두를 수 있게 되었다.

어떤 생물이든 환경이나 다른 생물에 영향을 미치며 산다. 그러나 그 영향은 어디까지나 그 생물이 본디 가지고 있는 능력 안에서 발생하는 것이다. 화석 연료 덕에 오직 인간만이 생물로서는 넘볼 수 없는 능력을 손에 쥔 채 생물 진화 역사상 유례가 없을 만큼 막강한 영향력을 자연에 미치고 있다.

일본 환경성이 멸종위기종 목록을 바탕으로 이들의 분포나 서식 상황, 보호 대책 등을 정리해 편찬하는 『레드 데이터 북(Red Data Book)』이나 시판 중인 『레드 데이터 애니멀스(Red Data Animals)』 등을 보면 많은 이들이 이런 생명체를 보호해야겠다는 생각이 들 것이다.

단 희귀종이나 위기종 보호는 그 자체가 목적이 아니라 자연환경을 보전하는 프로세스 중 일부에 불과하다는 점을 명심해야 한다. 즉 멸종 위기에 처한 생물이 살아남기만 하면 되는 게 아니란 소리다. 시설에서 이들의 개체수를 늘린다고 해도 생물 다양성이 유지되지는 않는다.

멸종위기종을 지키려면 어떤 서식 환경이 필요한지 고민하고, 환경을 복원하고 회복시키는 것이 결과적으로 생물 다양성을 지키고 생태계를 보전하는 일이다.

가령 멸종 위기에 처한 따오기가 서식할 수 있는 환경이 조성된다면 일본은 과거의 자연환경을 되찾을 수 있을 것이다. 따오기라는 생물이 환경 복원 지표가 되는 것이다. 중국산 따오기를 지키는 게 목적이 아니라 따오기가 살 수 있는 생물 다양성이 풍부한 자연을 되찾는 것이 목적이 되어야 한다. 그런데 언제부턴가 따오기의 자연 번식 여부에만 관심을 보이더니 결국 환경성에서도 『레드 데이터 북』의 따오기 등급을 '야생 멸종'에

서 '멸종 위기류'로 내리는 바람에 각계에서 비난이 쏟아지고
있다.

레드 데이터는 과거의 환경이나 생태계를 되찾는 데 유용한
실마리를 제공한다. 어떤 생물이 환경 변화로 개체수가 격감했
을 때, 현재 그 종이 처한 상황이나 원인을 살피는 프로세스가
환경 과학의 발전으로 이어질 것이다.

환경 변화는 꼭 파악해두어야 한다. 언젠가 환경문제를 논의
해야 하는 시점은 반드시 올 것이기 때문이다. 정작 그때 가서
쌓아둔 지식조차 없다면 시작도 할 수 없다.

늘어나는 종과 줄어드는 종: 슈퍼 쥐와 바퀴벌레의 도시화

환경파괴로 줄어드는 종이 있는가 하면 도시화로 늘어나는
종도 있다.

예를 들어 슈퍼 쥐(super rat)라 불리며 도심을 돌아다니는 갈
색쥐는 덫을 놔도 잘 걸리지 않고 독을 먹어도 죽지 않아 점차
그 수가 늘고 있다. 도시 환경에 적응했기 때문인데 이렇게 도

심지에 서식하며 사람에게 해를 끼치는 생물은 앞으로도 계속 나타날 것이다.

도시 환경에 적응한 해충 중 으뜸은 바퀴벌레다.

검정 바퀴(Periplaneta fuliginosa)나 참바퀴(Blattella germanica) 같은 동남아산 외래종 바퀴에게 도시 환경은 극락이다. 이제는 홋카이도에도 정착할 만큼 인간은 바퀴벌레에게 살기 좋은 환경을 제공하고 있다. 한편, 일본산 집바퀴(Periplaneta japonica)는 한때 산기슭에 자리한 마을의 낡은 가옥에서 볼 수 있었는데 도시화의 물결을 따라가지 못해 지금은 잡목림에 숨어 조용히 살고 있다.

한적한 촌락에 적응했던 동물이 도시화 물결에 밀려 개체수가 줄어든 예로는 참새가 있다. 참새는 원래 아시아 평원에서 진화한 종으로 일본에 벼농사 문화가 도입되면서 뒤따라 들어온 것으로 알려졌는데, 추측건대 야요이 시대(기원전 300년~서기 250년)에 유입된 인위적인 사전 귀화종(史前歸化種)*으로 보인다. 참새는 인간이 촌락을 이루고 벼농사를 짓는 환경, 즉 사람이 생활하는 공간에 적응한 동물이었다. 그러나 둥지 재료인 볏짚으로 지붕을 이은 초가집도 사라지고 경작지도 줄어드는 등 기존의 생활 터전이 사라지자 개체수가 줄어들고 말았다.

---

* 문헌이나 기록이 없던 선사시대에 국외로부터 도래했을 것으로 추정되는 종-역주

환경 변화로 곤충도 줄어들고 있다. 예를 들어, 일본인에게 친숙한 사슴벌레 중 '미야마 사슴벌레(Lucanus maculifemoratus)'라 불리는 일본 사슴벌레가 걱정이다.

'미야마'는 깊은 산이란 뜻인데, 실제로 이 사슴벌레는 아침 안개가 자욱하게 끼는 산속 원시림에서만 산다. 하지만 현재 일본의 산림지역은 도로 건설로 여기저기 끊겨 있는 데다 건조화(乾燥化)까지 진행 중인 것으로 보인다.

그 탓에 안 그래도 깊은 산속에나 들어가야 겨우 볼 수 있던 일본 사슴벌레는 이제 한층 더 귀한 종이 되고 있다. 나도 어릴 적에 이 사슴벌레 좀 잡아보겠다고 일부러 도야마에서 한참 떨어진 나가노까지 나가기도 했다.

왕사슴벌레(Dorcus hopei binodulosus)는 땔감이나 숯을 생산하기 위해 조성된 신탄림(薪炭林)에 서식하는 대표적인 종이다. 하지만 땔감과 숯 소비량이 크게 줄면서 신탄림이 황폐해지자 마찬가지로 매우 보기 드문 종이 되고 말았다. 신탄림이 사라지는 속도가 빨라지면 빨라질수록 왕사슴벌레 개체수도 더욱 줄어들 것이다. 그나마 왕사슴벌레는 사육 기술이 확립된 덕에 열렬한 사슴벌레 애호가들이 일본 전역에 서식하는 계통을 이어받아 사육에 정성을 들이고 있다. 즉 사육이 방주(方舟) 역할을 하면서 유전자 다양성을 지키는 것이다.

반면에 일본 사슴벌레는 사육이 어려워 왕사슴벌레처럼 계통보존이 널리 이루어지지 못하는 상황이라 앞으로 일본에서 영영 자취를 감추어버리는 것은 아닐지 우려스럽다.

목조건축이야말로 궁극의 재활용

앞으로 우리 인간은 어떻게 환경과 마주해야 할까?

앞에서도 썼듯이 인간은 연약한 동물이지만 서로 도우며 무리를 형성해 환경에 맞서 자연을 개조하는 방식으로 살아남은 생물 집단이다.

야생동물처럼 자연을 바꾸기보다 자연의 흐름에 몸을 맡긴 채 살아간다면 다른 생물한테는 아무런 해악도 끼치지 않겠지만, 그렇게 살면 인간은 자연과 야생 생물의 공격으로 순식간에 도태되고 말 것이다.

그러나 개발 없이 살 수 없는 게 인간이라 해도 자연환경이나 야생 생물과 공생하는 개발 방식을 취할 수는 있다.

이를테면 예로부터 일본에서 주류를 차지했던 목조건축이야말로 일본의 자연환경에는 더할 나위 없는 건축 방식이었다고 생각한다. 비가 많이 내리고 습도도 높고 심지어 지진도 많은 일본에서 목조 건축물은 잘 썩는 데다 지진에도 약해 보이지만, 실제로는 습기나 진동에 강한 건축 양식으로 여겨진다.

실제로 일본 각지에서 수백 년째 잔존하는 목조로 된 신사나 절이 이 사실을 증명한다.

목조 주택이 습기에 강한 이유는 목재가 지닌 습도조절 기능 덕분이다. 즉 목재는 자체적으로 습기를 흡수해 내뿜는 조절 기능을 갖추고 있다. 물론 습도가 너무 높아서 목재의 조절 범위를 넘어서면 견디지 못하고 썩기 시작한다. 이에 일본의 전통 목조 건물에는 마루 밑에 환기구가 설치돼 있거나 건물 전체에 공기가 드나드는 길이 나 있는 등 습도 상승을 막아주는 다양한 방법이 고안되어 있다.

아울러 목조건축은 지진에도 견딜 만큼 강성(剛性)이 뛰어나다. 무엇보다 목조로 된 건물은 철근이나 콘크리트 구조물에 비해 가벼워서 지면에서 발생하는 진동에도 흔들림이 적다. 거기다 목재는 탄성도 좋다. 같은 무게일 때, 재료별 강도를 비교해 보면 목재의 압축 강도는 철의 약 2배, 콘크리트의 약 9.5배이며, 반대로 인장강도(tensile strength)는 철의 약 4배, 콘크리트의 225배나 된다고 한다. 철이나 콘크리트는 형태를 유지하는 능력은 뛰어날지 몰라도 외부 압력이 한계치를 넘어서는 순간 갑

자기 무너진다. 그러나 목재는 특유의 탄성 덕에 외부 압력에도 잘 견딜 뿐 아니라 본래 생태로 복원하는 힘이 있다. 따라서 지진 등 높은 압력이 작용할 때도 목재는 얼마간 형태를 바꿔가며 외부 압력을 피할 수 있는 것이다.

이처럼 목조 양식은 습기가 많고 지진이나 태풍 등 기상재해가 빈번한 일본의 환경에 맞춰 가장 알맞은 형태로 진화한 건축물이다. 물론 일정 강도 이상의 폭풍이나 지진이 오면 목조 주택이라도 맥없이 쓰러진다.

그래도 미국이나 유럽의 석조건물이나 오늘날의 철근 콘크리트 건물보다 중량이 가벼운 덕에 무너진 건물을 철거하고 소각하기가 상대적으로 수월하고 목재만 있으면 재건축도 가능하다.

소각 얘기가 나왔으니 하는 말인데 목조의 최대 약점은 화재다. 에도시대에도 마을에 몇 번이나 큰 화재가 일어나 그때마다 피해가 막대했다고 한다. 그래도 그나마 목조 건물이라 추가 연소를 막기 위해 건물을 부수기도 수월했고 잔해를 철거하거나 재건하는 일 역시 원활했으리라 생각한다. 무엇보다도 목재는 유기물이라 분해가 잘 되는 만큼 자연계와 생태계의 물질순환 구조를 해치지 않는 궁극의 재활용 소재라고 할 수 있다.

산과 밀접한 생활양식, 목조로 된 주택, 농림 수산업에 바탕을 둔 경제구조 등 과거 일본 사회는 지속 가능한 시스템 속에서 발전해왔다.

그러나 지금 일본은 오로지 수입 자원에만 의존하는 자원 소비국이 되고 말았다.

생활양식도 주거 형태도 경제구조도 자원의 소비로만 유지될 뿐, 자원의 재생산성이나 지속성이 너무 떨어졌다. 산업 중심이 상공업으로 옮겨가고 인구가 생산과 소비 효율이 높은 도심지로 집중되면서 농림 수산업이 중심인 지방에서는 청년층이 잇따라 빠져나갔다.

그 결과 지방은 점차 축소되었고 돌봐야 할 자연은 방치됐다. 산림과 경작 포기지*는 황폐해질 대로 황폐해졌고 생물 다양성은 감소해 사슴과 멧돼지만 비정상적으로 늘어났다. 한편 도시 지역에서는 물과 공기가 오염되고 지나친 에너지 소비로 온난화가 심해지고 있다.

과거 생물 다양성을 지켜준 산간 마을

지방의 인구 과소화(過疎化)로 자연이 황폐해지고 생물 다양성이 감소한다고 하면 많은 이들이 의아하게 생각할지도 모른다.

인간이 사라져야 자연이 풍요로워지고 생물 다양성도 높아

---

* 소유자가 1년 이상 작물 재배를 하지 않고 앞으로도 재배할 예정이 없는 토지-역주

지지 않을까 생각하는 분도 계실 것이다. 물론 인간이 사라지면 자연의 생물 다양성은 그대로 유지되겠지만 그런 곳에서 인간 사회는 유지되기 힘들다.

인간 사회와 생물 다양성의 연관성이란 관점에서 보면 개발이 무조건 나쁜 것은 아니다. 일본의 경우, 누구의 손길도 닿지 않은 자연 상태라면 너도밤나무나 후박나무(Machilus thunbergii) 등 비교적 빛이 약한 환경에서 자라는 음수(陰樹)로 뒤덮인 극상림(極相林)*이 형성되어 숲 자체가 너무 어두워지는 탓에 연약한 인간이 생활하기는 힘들어진다.

생물 다양성과의 공생이란 손대지 않은 자연 그대로의 상태가 아닌 인간이 살아갈 공간을 만드는 것을 말한다. 일본인은 예로부터 숲을 잘 이용해왔다. 숲을 개간해 논이나 밭 같은 농경지와 거주를 위한 개방 공간을 확보했고, 손수 주변 숲을 가꿔 깊은 산중의 원시림에서 시작해 잡목림과 산간 마을로 이어지는, 서로 다른 생태계가 맞물린 공간을 만들어왔다.

이러한 생태계의 공간적 이질성은 다양한 동식물에 서식처를 제공했고, 인간은 그 동식물이 생산한 자원이나 생태계 기능을 누리며 생활을 유지했다.

일례로 일본인은 조몬시대(기원전 14000년~기원전 300년)부터

---

* 그 지역의 기후 조건에 맞게 가장 성숙하고 안정된 상태에 이르렀다고 간주되는 숲-역주

숲에서 도토리를 채취해 식량으로 삼았고 나무를 베어 장작으로 썼으며 일부는 밤나무와 옻나무를 직접 재배하기도 했다.

이후 산간 마을이 형성되자 사람들은 잡목림에서 자라는 소나무는 건축자재, 그 밖의 관목 가지는 연료로 쓰고, 태우고 남은 재는 논밭의 비료로 이용했다. 상수리나무나 참나무 같은 낙엽수도 자르기 쉬운 적당한 높이가 되면 10년에서 20년 주기로 베어내 장작이나 목탄으로 이용하고 낙엽은 긁어모아 퇴비로 만들었다. 더불어 잡목림이 뿌리를 내린 지표면이나 그 주변부에서 나는 나무 열매와 버섯, 산나물, 야생초는 제철 식재료로 썼고, 깊은 산중에서 이따금 마을 어귀로 내려오는 사슴이나 멧돼지, 곰 등은 귀중한 단백질원으로 이용했다.

이처럼 일본인은 자연을 손보고 꾸준히 관리해 자연과 공생하는 사회를 완성함으로써 조몬시대부터 무려 1만 년이란 세월 동안, 이 좁은 섬나라에서만 자급자족하며 살아왔다.

그러나 이렇듯 자연과 공생하던 산간 마을이 이제는 도시 개발에 밀려 방치되면서 점차 황폐해지고 있다.

경작지는 인간의 손길이 닿지 않으면 본래 생태계로 복원되는 것이 아니라 외래종 잡초가 들어와 제멋대로 번식한다. 잡목림도 장기간 방치하면 키 큰 거목들이 점령해 그늘에서 잘 자라는 상록수나 키 작은 대나무만 우거진다. 이런 상태에서는 얼레지(Erythronium japonicum)처럼 지표를 낮게 덮는 지피 식물(地被植物)이나 화초를 찾는 곤충류, 기타 작은 동물은 서식하지 못해 생물 다양성이 줄어든다.

게다가 사람이 사는 마을과 야생동물이 사는 깊은 산중 사이에서 완충 역할을 하는 산간 지역이 방치되면 사슴이나 멧돼지 등이 평야에 출몰하는 일이 늘어나 농작물을 훼손하거나 인간을 덮치는 피해가 속출한다. 이대로 산간 지역 인구가 줄고 경작 포기지가 늘어난다면 인간 사회는 더 많은 야생동물의 습격에 시달려야 할지도 모른다.

경제성장을 기대할 수 없는 일본은 쇄국이 답이다!?

과거 일본처럼 꾸준히 자연과 공생하는 사회를 되찾으려면 상당한 규모의 패러다임 전환이 필요하다. 이 시점에 '쇄국'을 논하는 건 비현실적으로 보이지만, 냉정하게 생각했을 때 일본은 좋든 싫든 조만간 쇄국에 가까운 상태에 빠질지 모른다.

앞으로도 세계 각국의 경제발전은 계속될 것이다. 지금은 선진국과 개도국 간의 격차에서 발생하는 자원과 물류의 흐름 덕에 일본은 경제 선진국으로서 해외에서 자원을 수입하고 역으로 공산품을 수출해 경제적 혜택을 누리고 있다.

그러나 머지않아 판매 시장은 포화 상태에 이를 것이다. 우선 중국 경제가 성숙 단계에 접어들면서 더는 시장이 확대될 기미가 보이지 않는 데다 경제발전 물결이 인도나 아프리카 대륙으로 퍼져가면서 세계 각국의 경제는 크게 도약할 것으로 예상된다. 그러면 엔화로 세계 각지에서 무엇이든 사들일 수 있는 시대는 막을 내릴 테고, 일본은 자원 의존국에서 단순한 자원 빈국으로 전락하게 된다.

그렇게 되면 향후 일본 경제는 지금과 같은 성장을 기대할 수 없을지 모른다. 과거 경제 후진국이었던 일본이 급성장해 세계 유수의 경제 대국으로 성장한 것처럼 그동안 개발도상국이었던 나라들도 경제성장을 이루면서 머지않아 일본을 앞지르는 나라도 속출할 것이다.

거기다 참 곤란하게도 일본은 자원이 부족한 섬나라다. 당연히 해외에서 수입되는 자원이 줄면 필연적으로 자원 순환형 사회를 형성할 수밖에 없다. 그러니 이제는 식량과 에너지도 자체적으로 확보할 수 있는 자급자족형 경제를 지향해야 한다.

환경을 위한 개인의 노력 '지역생산 지역소비'

다음은 생물 다양성으로도 이어지는 주제인데, 지역의 미래에 관해 말하고자 한다.

현재 정부가 정책적으로 강조하는 '지역 살리기'는 지속 가능한 사회로 가는 열쇠나 다름없다. 어떻게 해야 지역경제를 살리고 예전처럼 지역에 사람이 살게 할 수 있을까?

에도시대에는 번정(藩政)*이라는 강력한 지방 통치 시스템과 이송 능력의 한계로 마치 생물의 지역개체군처럼 전국이 지역별로 격리돼 있었다. 그러나 이렇게 단절된 사회구조에서는 지방으로 갈수록 정보나 물자가 잘 유입되지 않는다. 당연히 지방은 젊은 층의 바람과는 동떨어진 환경이 될 수밖에 없다. 애당초 현재 진행 중인 지역 과소화도 이러한 지역 격차가 직접적인 원인이다.

그러나 지금은 인터넷이라는 강력한 연결 도구가 있다. 정보통신(IT) 기술의 혁신적 진보로 이미 병원 진료나 치료도 원격으로 가능한 시대에 접어들었다.

머지않아 지방이라서 느끼는 생활의 불편함이나 불안감은 해소될 것이다. 고속철도나 고속도로, 항공편 등 물리적 이동과 유통 인프라는 지금까지 지방에서 수도권으로 인력과 자재를 올려보내는 파이프 역할을 주로 해왔지만, 앞으로는 그 흐름을

---

* 번이란 쌀 1만 석 이상의 소출을 내는 영토를 보유한 봉건 영주인 다이묘가 다스리던 영지를 뜻하는 일종의 행정구역이다. 에도시대에는 약 300개의 번이 다이묘에게 자체적으로 통치되는 시스템이었는데, 오늘날의 지방자치제와 비슷하다.-역주

거꾸로 바꿔야 한다. 지방에서 물건을 올려보내는 게 아니라 지방으로 사람을 불러들여야 한다. 지방마다 그곳에서만 맛보고 감상할 수 있는 특산물이나 상품, 경관을 개발해 손님이 자꾸 지방을 찾도록 지역의 매력을 키워야 한다.

특히 최근 주목받고 있는 방일(訪日) 외국인 여행객에 따른 경제 효과는 지역 살리기의 좋은 기회로 작용할 수도 있다.

인터넷을 통한 정보의 확산으로 해외 여행객들도 일본통(通)이 다 돼서 예전처럼 쇼핑이나 구시가지 관광 같은 평범한 관광이 아니라 일본에만 있는 풍경이나 일상생활을 엿볼 수 있는 소위 '일본다움'을 찾아 방문하는 경우가 늘고 있다.

이참에 과감하게 일본 전역을 에도시대 풍으로 되돌려 일종의 거대한 테마파크를 만들어보면 어떨까? 일본의 전통 판화「동해도오십삼차(東海道五十三次)」에 등장하는 에도시대의 역참 마을을 재현해 기모노를 입은 직원이 손님을 대접하고 이동은 말이나 가마를, 연락은 파발꾼을 이용하고 밤에는 닌자가 뛰어다니는 미국 SF영화 〈웨스트 월드(West world)〉의 일본판인 '에도 월드'를 만드는 것이다. 이런 공간이 일본 전역에 퍼진다면 분명 외국인도 크게 환영하지 않을까?

예스러운 일본을 찾는 수요가 높다는 점을 생각하면 일본인도 좀 더 편안하게 살 수 있을지 모른다.

공업국으로 선두를 달렸던 일본도 점점 후발 국가에 따라잡히다 추월당하기 시작했다.

자원이 전혀 나지 않는 이 나라가 앞으로도 꾸준히 발전하려면 일본만 지닌 고유성이나 문화적 가치로 세계 각국을 매혹하는 것도 하나의 방법이라 생각한다.

그런 측면에서 봤을 때, 지역이 경제적 무기가 되는 패러다임의 전환이 향후 일본을 구할 열쇠가 될지도 모른다. 따라서 앞으로는 지방의 경관과 산업, 문화를 더욱 소중히 여겨야 한다.

소중한 지역성을 지키기 위해 우선 개인이 할 수 있는 일이 '지역생산·지역소비'다. 일본의 대표적인 지속 가능 산업이 바로 농림 수산업, 제1차 산업이다. 지역경제를 살리려면 우선 지역 주민이 그 지역에서 생산활동을 하고 그 지역에서 난 것을 소비하는 사이클을 만들어야 한다. 즉 지역 경제의 근간이 되는 제1차 산업을 자체적으로 일으키고, 거기서 얻은 산물을 지역에서 소비하고 이용하는 산간 마을 형태의 경제구조를 확립하는 것이다.

지역경제가 안정되고 지역사회가 독자적으로 굴러가면 젊은 층도 안심하고 생활할 수 있어 인구 감소에 제동을 걸 수 있다. 지역에 사람이 살고 해당 지역민이 직접 자연을 관리한다면 지역마다 독자적인 생태계가 형성될 테고, 나아가 생물 다양성 보전으로도 이어질 것이다.

이렇듯 자립적으로 굴러가는 지역사회가 전국적으로 퍼지면 설사 수도권 경제가 침체하더라도 지역사회까지 한꺼번에 무너질 위험은 줄어든다. 지방이라는 사회 생태계가 모여 하나의 일본을 만드는 것이다.

사실 이 시스템은 생물 집단에도 해당한다. 각 지역 환경에 적응한 집단이 서로 느슨하게 연결된 채 조금씩 각자의 유전자를 교환하는 구조를 '메타 개체군(metapopulation)' 혹은 '메타 집단'이라고 한다. 이런 지방 분산형 연결 집단은 한 덩어리로 된 거대한 집단과 비교해 환경 변화로 특정 집단이 사라지면 이를 다른 집단으로 메꾸거나 회생시킬 수 있어 집단 전체가 멸종할 위험이 낮다.

그러나 지금처럼 세계화가 계속 진행된다면 지역의 고유성을 지키기는커녕 오히려 세계 경제 동향에 휩쓸려 지역사회도 함께 무너질 수 있다.

우선 지역을 살리기 위한 첫걸음으로 '지역생산·지역소비'부터 시작해보면 어떨까? 자신이 살던 지역에 과거 어떤 자연

풍경과 역사, 문화가 있었는지 공부하고, 지역마다 자기 고장이 지향하는 미래 사회와 환경을 고민한 뒤 합의를 이루어가는 것이야말로 참된 지역 살리기가 아닐까?

지방에 돈을 나눠주고 자연을 파괴해 댐과 도로를 만들며 거대한 건조물만 늘리는 정책은 이제 지역 살리기의 수단이 될 수 없다. 그 지역과 지방 고유의 환경과 경제를 한데 묶은 전략이 필요하다. 오직 그 지역에서만 볼 수 있는 독자성과 고유성을 판매하기 위한 상업 전략도 필요하다.

앞으로는 지금껏 만들어놓은 고속철도나 고속도로 같은 인프라를 각 지역에 활력을 불어넣는 데 활용하고, 이들 지역사회를 네트워크로 연결해 지역 간 공생 관계가 형성되면 일본은 자율적이면서 동시에 지속 가능한 국가가 될 것이다.

생물 집단처럼 지방 도시도 일정 수준의 인구 이동을 통해 독자적인 유전자를 가진 메타 집단을 형성해야 한다. 각 지역이 일본을 구성하는 요원으로서 서로 도움을 주고받는다면 안정적인 지역사회를 유지할 수 있을 것이다.

세계화의 상징인 외래 생물

사회론은 이쯤으로 하고 다시 생물학으로 돌아가자. 세계화

추세에 따라 늘어나는 생물군이 있다. 바로 '외래종(alien species)'이다. 지금부터는 내 연구 대상인 외래 생물의 위험성과 대책에 관해 좀 더 자세히 소개하겠다.

현재 일본에 정착한 기록이 있는 외래 생물은 눈으로 알아볼 수 있는 종만 해도 2천 종이 넘는다. 이 중에는 이미 퇴치된 종도 있을지 모른다.

이 2천 종 중에 진드기, 곰팡이, 박테리아 등 눈에 보이지 않는 종은 포함되어 있지 않다. 아마 그런 미소 생물(minute organisms, 微小生物)까지 계산하면 일본에 유입된 외래 생물 수는 엄청날 것이다.

외래 생물이란 인위적으로 유입된 생물을 말한다. 해류를 타고 흘러들거나 태풍에 실려 오는 등 자연의 흐름에 따라 유입된 종은 원산지가 해외라도 외래 생물이 아닌 표류종 또는 표착종으로 구분된다.

최근 외래 생물이 생태계나 생물 다양성에 미치는 악영향이 세계적으로 문제가 되고 있으며, 일본에서도 미국너구리(Raccoon)나 붉은불개미(Solenopsis invicta) 등 외래 생물로 인한 피해나 위험성이 언론에 자주 거론되고 있다.

이에 일본 환경성은 외래 생물을 법적으로 관리하고자 2005년부터 '외래 생물 법'이라는 법률을 시행했다.

이 법률에서는 외래 생물의 위험성을 평가해 생태계나 인간 사회에 악영향을 끼칠 우려가 큰 종을 '특정 외래 생물'로서 규제 대상으로 지정하고 수입이나 사육, 방사를 금하고 있다. 다만 평가 대상은 메이지 시대(1868~1912년) 이후에 반입된 외래종으로 제한된다.

생물학자들이 '메이지 시대 이후'로 선을 그은 이유는 이때를 기점으로 해외로 나가는 사람이 늘고 외국에서 물자를 들여오는 일도 빈번해지기 시작했기 때문이다.

그러나 시간을 거슬러 올라가면 섬나라인 일본에서는 조몬 시대부터 사람의 출입이 반복됐고, 그 과정에서 다양한 생물이 대륙에서 일본으로 유입됐을 것으로 보인다. 즉 외래종, 사람으로 인해 새로운 생물 종이 유입된 역사는 훨씬 오래전부터 시작됐던 것이다.

이를테면 우리에게 친숙한 일본의 대표적인 텃새인 참새는 벼농사 문화가 들어오면서 대륙에서 사람과 함께 유입된 조류로, 원래 일본에 서식하지는 않았던 종으로 추정된다.

마찬가지로 대표적인 봄 벌레로 널리 알려진 배추흰나비도 나라 시대(710~794년) 때, 유럽이나 중국 같은 대륙에서 무나 유채꽃 등 십자화과(Brassicaceae) 작물이 반입되면서 이파리에 섞여 일본으로 들어온 외래 생물로 알려져 있다.

공원이나 공터에서 흔히 볼 수 있는 토끼풀, 통칭 클로버도 외래 생물이다. 1846년에 네덜란드에서 일본으로 운송할 도자기를 포장할 때 충전재나 완충재로 토끼풀을 썼다고 한다.

이 최초의 반입을 계기로 목초나 녹화 식물(綠化植物)*로 정식 수입이 되면서 일본에 널리 정착하게 됐다고 한다.

이처럼 외래 생물은 오래전부터 존재했으며, 이미 다양한 종이 친숙한 생물로 일본에 정착하면서 시민권을 획득했다.

그런데 이제 와서 왜 다짜고짜 외래 생물을 문제시하는 것일까? 오래전에 유입된 외래종에 관한 생태 정보가 거의 없어 단정하기는 어려우나, 당시에는 적어도 지금처럼 심각한 피해는 없었던 게 아닐까?

옛날에는 인간의 이동 속도와 이동 거리에도 한계가 있어서 외래 생물의 이동량에도 한계가 있었다. 덧붙여 일본의 자연 생태계에는 이미 일본의 환경에 맞춰 진화한 재래종 선배가 서식하며 먹이나 거처 등 생태적 자원을 독점하고 있었기 때문에 새로 들어온 외래 생물이 생태계에 파고들 여지가 거의 없는 상태였다. 따라서 재래종과 원만하게 자원을 공유하며 공생할 수 있는 종만이 조금씩 일본 생태계에 적응하며 자리를 잡은 것으로 추정된다.

---

* 환경보전, 경관 육성 등을 위해 인위적으로 도입된 식물-역주

그러나 메이지 시절 문호를 개방했을 당시, 세계는 이미 화석 연료 시대로 돌입했다. 일본도 재빨리 장거리 이송과 고속 이송으로 대표되는 국제 경제 흐름에 올라타기 시작했다. 그 결과 외래종의 이동량과 분포 속도도 급속히 상승했고, 더불어 근대화에 따른 개발과 오염이 자연생태계를 교란하고 훼손하면서 재래종이 쇠퇴한 덕에 외래종의 유입과 정착이 수월해지는 쪽으로 생태계가 빠르게 전환되기 시작했다.

특히 문호 개방 이후, 멀리 유럽이나 미 대륙에서 들어오는 외래종이 급증했다. 일본과는 전혀 다른 환경에서 진화한 이 외래 생물은 강력한 번식력과 생태적 영향력을 무기로 일본 재래종에 커다란 위협을 가했다.

일본의 억새를 밀어내고 무성하게 번식한 양미역취(Solidago altissim). 일본 거북이의 터전을 빼앗고 이제는 재래종 이상으로 번식 중인 미시시피 붉은 귀 거북(Trachemys scripta). 야생조류나 작은 동물을 습격하고 농작물에도 막대한 피해를 주는 미국너구리. 식용 목적으로 도입했으나 결국 먹지도 못하고 방치하다가 일본의 호수와 늪지대로 퍼져 유해 생물이 돼버린 큰입우럭(Micropterus nigricans)과 황소개구리(Lithobates catesbeianus) 등등. 일본의 생태계를 위협하고 농업에도 심각한 영향을 끼치는 외래 생물들은 모두 메이지 시대 이후에 반입된 북미산 생물 종이다.

최근에는 1995년에 오사카로 유입된 호주산 붉은등과부거미(Latrodectus hasseltii)가 44곳의 광역 지자체로 퍼진 것이 확인됐으며, 2017년에는 남미산 불개미가 선박 화물에 섞여 고베항에 상륙한 사례가 보고되는 등 여전히 세계 각지에서는 새로운 외래 생물이 계속 유입되고 있다. 게다가 붉은등과부거미나 불개미는 유독성 생물이라 인간을 해칠 우려도 있다.

이렇듯 외래 생물은 오래전부터 인류 역사와 함께했으며, 모든 외래 생물이 해로웠던 것도 아니다. 오히려 시간을 들여 천천히 토종 생태계와 인간 사회에 적응한 종이 많았는데, 화석 연료 등장으로 인간의 활동 범위가 인간 본연의 생물학적 능력을 넘어설 정도로 커지면서 외래 생물의 이동량과 이동 거리, 이동 속도가 생물 진화 범주를 넘어서고 말았다. 그 결과 외래 생물은 자연의 힘으로는 제어할 수 없는 괴물로 변했고, 생태계와 인간 사회에까지 해를 끼치게 된 것이다. 따라서 외래 생물 문제는 바로 우리 인간이 낳은 것이며 외래 생물이 비정상적으로 확대되는 원인도 인간의 활동에 있다.

외래종만 애물단지 취급해도 될까?

현재 일본에서 외래 생물이 창궐하는 원인 중 하나로는 환경 변화, 즉 인간으로 인한 개발을 꼽을 수 있다. 이는 외래 생물이 살기 좋은 환경을 인간이 제공하고 있다는 것, 바꿔 말하면 재래종도 살 수 없는 열악한 환경에 정착해 재래종 대신 새로운 생태계를 만들고 있는 것이 외래 생물이라는 소리다.

따라서 현재 외래 생물을 배제하려는 목적은 재래종과 본래 생태계를 되찾고 생물 다양성을 지키는 데 있다. 다만 그에 앞서 여기서 말하는 우리가 지켜야 할 생물 다양성이 무엇을 말하는지 이 근본적인 질문에 대한 답을 먼저 찾아야 한다.

예를 들면, 유럽이 원산지인 서양 뒤영벌(Bombus terrestris)은 하우스 토마토의 꽃가루를 이 꽃에서 저 꽃으로 운반해 열매를 맺도록 도와주는 유용 곤충(有用昆虫)으로 수입된 종이다. 그러나 지금은 하우스에서 도망친 개체가 홋카이도 전역에 퍼져 야생화되는 바람에 일본 토종 뒤영벌이 먹이나 벌집 지을 장소를 빼앗기고 개체가 줄어드는 등 문제가 되고 있다. 이에 정부는 2006년 서양 뒤영벌을 특정 외래 생물로 지정하고 농가에서 서양 뒤영벌을 이용할 때는 환경성 허가를 받고 야생화된 집단을 퇴치하도록 의무화하고 있다.

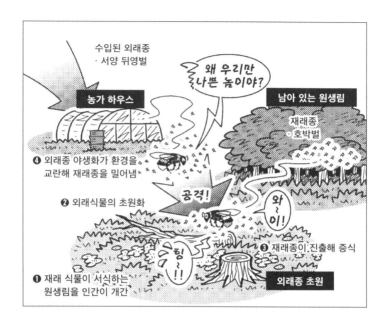

현재 홋카이도의 자연 보호 단체를 중심으로 매년 자원봉사자가 야외를 돌며 서양 뒤영벌을 포충망으로 포획해 개체수를 줄이려고 노력하고 있다. 그러나 벌의 번식력을 인력으로 따라잡기에는 한계가 있어 분포 지역은 계속 넓어지는 중이다.

이쯤에서 서양 뒤영벌을 퇴치해 되찾으려는 '홋카이도 본연의 자연'이 무엇인지 한번 짚고 넘어가야겠다. 토종 호박벌의 개체수만 본래대로 돌아오면 과연 자연을 되찾은 것일까? 홋카이도행 항공편을 타고 상공에서 홋카이도 대지를 바라보면 원생림(原生林)* 구역이 약간 남아 있을 뿐, 대부분은 밭과 목초지로 개간된 상태다.

개간된 대지를 차지하고 있는 건 목초와 토끼풀, 붉은토끼풀(Trifolium pratense), 서양민들레 같은 외래식물이다. 인간의 손길로 인해 홋카이도 초원은 외래종으로 뒤덮이고 만 것이다. 이렇게 인위적으로 형성된 평원을 덮고 있는 꽃꿀과 꽃가루는 본래 숲속에 서식하던 토종 호박벌까지 유인했고, 혼슈**에서는 상상도 못할 만큼 많은 수의 호박벌이 이곳으로 날아들었다.

즉 홋카이도의 목초지나 논밭 주변을 날아다니는 토종 호박벌은 인위적으로 증식된 것이나 다름없다. 그리고 이제는 인위적으로 형성된 토종 호박벌 서식지에 서양 뒤영벌이 진출해 토종 호박벌을 밀어내고 있다. 이를 두고 서양 뒤영벌이 토종 생태계에 악영향을 끼친다고 딱 잘라 말할 수 있을까?

물론 홋카이도 평야에도 원생 화원 등 지켜야 할 천연 서식지도 있다. 더욱이 토종 꽃은 토종벌과 공진화 관계를 맺고 있어 토종벌이 줄어들면 꽃가루를 운반해주지 못해 꽃의 번식에 악영향을 미칠 수 있다. 그렇게 생각하면 아무래도 서양 뒤영벌이 홋카이도 전역으로 퍼져 얼마 안 되는 토종 생태계에 영향을 미치는 것은 막아야 할 듯하다.

---

* 사람의 손이 가지 않은 자연 그대로의 삼림-역주
** 일본을 구성하는 4개의 본섬 중 가장 큰 섬-역주

하지만 이대로 개발이 진행되어 천연 서식지가 지금보다 줄어든다면 서양 뒤영벌을 없애기 위해 막대한 노동력과 비용을 들이는 의미가 모호해지는 것은 아닌지 우려스럽다.

무엇보다 서양 뒤영벌이 자연보호구역까지 분포를 넓히는 건 인간이 유도했기 때문이기도 하다. 지금도 산림지대에는 여전히 일본 토종 호박벌이 다수를 차지하고 있다. 그런 천연 서식지가 남아 있는 지역에는 재래종으로 구성된 견고한 생태계가 형성돼 있어 서양 호박벌도 쉽사리 들어가지 못한다.

그러나 최근에는 초원이나 밭을 벗어나 홋카이도 동쪽 끝자락에 있는 시레토코반도는 물론 중앙부의 다이세쓰산처럼 해발고도가 높은 지역에까지 서양 뒤영벌이 퍼지기 시작했다. 이유는 해당 지역이 관광 목적으로 개발되고 있기 때문이다.

특히 시레토코반도는 세계유산으로 등재되면서 외따로 떨어진 곳까지 숲길이 정비되는 등 관광객 유치를 위한 개발이 한창인데, 도로 정비로 외래 잡초가 늘어나면서 서양 뒤영벌을 불러들이고 있다.

서양 뒤영벌을 들여온 것도, 야생에서 개체수가 늘어나도록 환경을 제공한 것도 바로 인간이다. 서양 뒤영벌만 애물단지 취급하며 퇴치하려 드는 것이 과연 자연 보호일까? 우리가 지켜야 할 자연이란 무엇일까? 서양 뒤영벌 문제는 우리에게 외래종 관리의 의미가 무엇인지, 그에 대한 묵직한 질문을 던져준다.

프랑스에서 연간 15명의 사망자를 내는 등검은말벌

한편 명백하게 인간 사회에 심각한 위험을 초래하는 외래 생물도 늘고 있다. 이런 위험한 외래 생물은 대책을 세우는 게 급선무다. 우리 연구자의 임무는 과학적인 데이터를 모으고 이를 바탕으로 파악한 현상을 여러 사람에게 알리는 것이다.

2017년에는 남미가 원산지인 불개미가 처음으로 일본에 상륙해 온 나라가 공황 상태에 빠졌다. 이 남미산 불개미의 엉덩이에는 강력한 독침이 있는데 쏘이면 통증도 심할뿐더러 체질에 따라서는 전신에 알레르기 반응을 일으키고 최악의 경우 죽음에 이르기도 한다.

이 죽음을 부르는 불개미로 인해 일본 전역은 온통 공포와 불안에 휩싸였다. 이렇게까지 나라 전체가 발칵 뒤집힌 이유는 당시까지만 해도 일본에는 그 정도로 위험한 개미가 서식한 적이 없었기 때문이다.

일본은 다른 나라에 비해 위험한 생물이 극히 적다. 어떤 의미에서는 순박한 자연환경을 타고난 나라라고 할 수 있다. 물론 말벌이나 지네 등 위험한 유해 생물도 서식하고 있지만, 평소 생활하는 공간에서 생명을 위협하는 생물과 마주칠 일은 거의 없다.

마음 편하게 공원이나 하천 부지 벌판에서 뒹굴며 놀거나 돗자리를 깔고 꽃구경을 할 수 있는 곳은 일본 정도다. 다른 나라에서 이랬다가는 무슨 독충에 쏘일지 모른다. 계절마다 달라지는 자연 풍광을 즐기는 일본의 풍속 역시 일본 열도라는 순박한 생물 다양성에 둘러싸인 자연환경이 낳은 문화다.

만약 불개미가 일본에 정착한다면 섣불리 들판에 앉을 수도 없고 꽃놀이를 즐길 수도 없다. 개미를 관찰하며 귀여워하거나 흥미를 느끼는 등 자연을 향한 호기심도 시들해질 것이다.

그렇게 보면 불개미는 일본 특유의 자연을 애호하는 문화를 파괴하는 존재이기도 하다.

남미의 아마존강 유역이 원산지인 불개미는 이제 일본을 포함한 아시아 전역에 침입해 분포를 넓히고 있다. 이렇게 세계 각지로 퍼져가는 불개미는 세계화의 산물이다. 우리가 해외 자원에 의존하는 한, 불개미 같은 위험한 외래종의 침입은 앞으로도 계속될 것이다.

요즘 일본에서 늘고 있는 또 하나의 위험 외래종이 등검은말벌(Vespa velutina)이다. 이 말벌은 중국 남부가 원산지인데 중국 정부의 일대일로(一帶一路, One belt, One road) 정책, 즉 유럽과 동아시아 경제권을 잇겠다는 국제 경제 전략의 흐름을 타고 유럽과 한국에 침입해 맹위를 떨치고 있다.

이 말벌의 특징은 높다란 나무 위에 최대 욕조만 한 거대한 벌집을 지어 대량의 일벌을 생산한다는 것이다. 몸집은 불과 2센티미터 정도로 그리 크지 않지만, 개체수가 많아서 경쟁력이 강하고 꿀벌을 먹이로 선호하는 성향 때문에 양봉업에 막대한 피해를 준다.

대형 말벌이 서식하지 않는 프랑스에서도 시가지의 가로수와 전신주에 등검은말벌의 벌집이 대거 발견되더니 2016년에는 15명이 쏘여 사망하는 일이 생기기도 했다. 한국에서도 부산 시내의 한 아파트 벽에서 벌집이 발견되는 등 일상생활에 심각한 영향을 주고 있다.

이 골칫거리 외래 말벌은 지난 2013년 나가사키현 쓰시마섬에 벌집을 짓고 자리를 잡은 후 꾸준히 분포를 넓히고 있다. 침입 경로는 한국에서 들어오는 관광선으로 추정된다. 2015년부

터는 규슈 본토에서도 소수의 개체와 벌집이 나타나기 시작해 본토 내 정착과 확산이 우려되는 상황이다.

국립 환경 연구소에서는 외래 말벌이 더 이상 일본 국내에 퍼지는 것을 막고 최종적으로는 퇴치할 수 있는 방제 기술을 개발 중이다.

지금까지는 벌집을 찾아 즉시 제거하거나 유산균 음료가 담긴 페트병 트랩을 설치해 벌집을 짓는 여왕벌이나 일벌을 포획하는 물리적인 방법으로 방제가 이루어졌다. 하지만 이 방법으로는 사람의 눈과 손이 닿는 범위의 벌집밖에 제거할 수 없어 말벌의 높은 번식력을 따라잡지 못하기 때문에 개체군을 줄이는 효과까지는 기대할 수 없다.

그래서 우리는 눈에 띄지 않는 벌집까지 방제해 개체군 증식을 확실하게 억제하고자 특수한 약제를 이용하는 기법을 개발해 시험 중이다.

등검은말벌은 번식력이 매우 강한 곤충으로, 봄철에 활동기를 맞는 여왕벌은 본격적으로 벌집을 지을 터를 둘러싸고 같은 종끼리 치열한 경쟁을 벌인다. 따라서 트랩으로 몇 마리 포획한들 솎아내는 효과 정도밖에 없다. 마찬가지로 일벌도 포획해봤자 금세 벌집에서 재생산된다.

말벌은 사회성 곤충이다. 따라서 방제는 벌집 안의 여왕벌이 다음 세대를 낳지 못하도록 하는 데 초점을 맞춰야 한다. 즉 새 여왕벌이 둥지를 떠나기 전에 숨통을 끊는 것이다.

이에 우리는 곤충 성장 제어제(IGR, Insect Growth Regulator)라고 해서 유충의 탈피를 방해해 죽게 하는 약제를 일벌한테 발라 벌집으로 돌려보내는 방법으로 벌집 안에 기거하는 차세대 유충의 성장을 막는 전략을 고안했다. 이 약제는 가스 형태로 기화하기 때문에 일벌이 벌집으로 들어가면 폐쇄된 벌집이 기화된 약제 가스로 가득 차 유충한테도 영향을 미친다.

실제로 쓰시마섬의 몇몇 야생 벌집을 대상으로 실험한 결과, 매우 높은 방제 효과(새 여왕벌 생산 중단)를 확인했다. 현재 쓰시마 시와 국립 환경 연구소가 공동으로 이 방제법을 섬 전체에 전개하는 등 등검은말벌 퇴치 사업을 추진하고 있다.

물론 약제를 쓰는 방법인 만큼 다른 벌이나 곤충류, 동물 등에 해를 끼치지는 않는지 생태 위험도 함께 조사하면서 신중하게 기술 개발을 추진하고 있다.

그다음으로 위험한 외래종은 무엇이냐는 질문을 많이 받는데, 예측했던 외래종은 이미 일본에 들어와 있다. 불개미가 마지막 보루(堡壘)였다.

이제 남은 건 정체불명의 생명체뿐이다. 브라질, 인도, 아프리카 국가 등 신흥국과의 무역 거래도 늘고 있어 여태껏 본 적 없는 외래종이 일본에 상륙할 확률은 높다.

온난화 진행 속도에 비해 더딘 생물 다양성 대책

보통 외래종이 침입한다고 표현하지만, 외래 생물은 인간이

자발적으로 깔아놓은 로드맵을 타고 이동할 뿐이다.

내 입장과 직무에서 알 수 있듯 나의 목표는 외래 생물 퇴치와 환경 보호다.

그러나 연구자로서 지금의 외래 생물 대책이 정말 자연과학적으로서 올바른지 생각해보지 않을 수 없다.

본래 없었던 생물이 비정상적으로 늘어나 어떤 장애나 위험을 일으킨다면 그 수를 줄이는 게 급선무다. 그러나 외래 생물이 불어나는 원인이 인간 활동에 있는 한, 특정 외래 생물을 근절한다 해도 금방 다른 외래 생물이 침입해 개체군이 늘어나는 현상은 계속될 것이다.

현재 세계적으로 생물 다양성 보전을 외치는 목소리가 커지고 있으나, 이상적인 생물 다양성이란 어떤 상태를 말하는지 그 정의조차 모호한 형편이다. 그렇다 보니 보전 목표 자체가 인간의 가치관에 따라 좌지우지되어 똑같은 외래 생물이라도 보호받는 종이 있는가 하면 비난의 대상이 되는 종도 있다.

예를 들어, 지금 니가타현 사도섬에서 방사되고 있는 따오기는 원래 중국산이다. 야생 복귀 프로젝트가 진행 중인 효고현 도요오카시의 황새도 외래 개체가 기원이다. 하지만 다들 개체를 늘리기 위해 애지중지 키우고 있다. 이는 분명 인간 내지는 인간 사회에 깔린 가치관에 근거한 활동이다.

외래 생물 퇴치의 궁극적인 목표가 원시 자연으로 돌아가는 것이라 치자. 원시 자연은 인간이 없는 환경을 말한다. 그러니 이는 결국 인간의 존재를 부정하는 논리이며 인간을 위한 과학을 부정하는 것이다.

결국 외래 생물을 퇴치할지는 그 지역에 살며 자연환경을 공유하는 주민들이 고민하고 합의해야 할 문제라고 생각한다. 주민이 외래 생물을 거부하는 데 합의했다면 그 외래 생물은 퇴치하는 것이 맞다. 생물 다양성의 기반은 현지의 자연환경이며 이는 그곳에 사는 사람들의 공유 재산이기도 하다. 따라서 생물다양성 보전은 각 지역에서 지역민 전원이 주체가 돼서 논의하는 것이 가장 중요하다고 본다.

생물 다양성이라는 개념은 여러 사람의 개별적인 에고(ego)로 형성된 것이다. 그만큼 다양한 기호가 얽혀 있어 해결의 실마리를 찾기가 어렵다.

연구자 중에는 '일본 생물이라면 유전자 자원으로 보고 모두 남겨두어야 한다'라는 가치관을 가진 이도 있을 것이다. 주민 중에는 '에도시대의 산간 마을로 돌아가자'는 식의 극단적인 의견을 가진 사람도 있을지 모른다. 가치관의 다양성이 오히려 생물 다양성을 지키는 명쾌한 답안을 찾기 힘들게 한다.

반면 온난화 대책은 정치적으로나 경제적으로나 일정한 방향성을 제시하는 데 꽤 성공한 모습이다. 회의적인 시선이 전혀 없는 것은 아니나 과거와 비교해 많이 줄었다.

바야흐로 탈온난화가 세계 시장에서 투자 대상 중 하나가 되면서 세계 각국의 정치 경제가 움직이기 시작했다. 돈이 되는 목표라면 이를 추진하는 과정에서 가치관의 차이로 충돌할 여지는 별로 없다고 본다. 터무니없이 들렸던 '온실가스 배출제로'라는 목표를 향해 지금 전 세계가 본격적으로 움직이는 것만 봐도 그렇다.

온난화 대책은 '○년 전으로 되돌리자' 혹은 '배출량 제로'처럼 명확한 목표를 세울 수 있다. 그러나 생물 다양성 보전에는 그 정도로 명확한 목표가 확립돼 있지 않다.

적어도 '생물 종이 더는 줄지 않도록 막자'라는 목표가 있지만, 그 근거, 즉 생물 다양성 감소가 인간 사회나 지구 환경에 미치는 영향이나 위험성이 정량적으로 제시되지 않아 온난화만큼 일반인이 위기의식을 느끼지 못하고 있다.

게다가 생물 다양성 보전이라는 연구 분야도 유동적이라 국제적으로 확고하게 통일된 정책이 마련돼 있다고는 보기 어렵다. 연구자 사이에서도 의견이 분분해 일반 시민에게 명확한 기준이나 행동 지침을 제시하기도 어렵다.

다만 온난화 정책과 마찬가지로 생물 다양성에서도 삼림은 가장 먼저 보호해야 할 대상이다. 다행히 삼림은 면적으로 표시가 가능한 만큼 목표를 잡기가 수월하다.

가령, 삼림 보호책의 일환으로 종이 등 임산물(林産物) 인증 제도를 의무화하는 방안이 있다. 열대 우림을 잘라 만든 제품은 NG, 재활용 제품은 OK로 나누는 것이다.

좀 더 나아가 기업에 인증된 제품을 쓰도록 의무화하고 이를 어길 시 평판 악화로 이어져 큰 손해를 입을 수밖에 없는 시스템을 생각하고 있다. 그러면 기업도 재생산 에너지나 자원을 쓰려고 노력할 것이다. 인증을 받지 않은 기업과 거래하면 페널티를 부과하는 제도도 가능하다.

실제로 일본에서도 기업을 상대로 에코 퍼스트(ECO FIRST)*

* 기업이 일본 환경성에 자발적으로 환경보전 대처를 추진하겠다고 약속하는 제도-역주

라는 제도가 시행되고 있다. 기업의 자원 소비라는 차원에서 환경에 부담을 줄이는 시스템이 생겨난 것이다.

현시점에서는 생물 개체수도 여전히 줄고 있고 종 다양성 감소도 멈추지 않고 있다. 왜 생물 다양성은 세계적으로 봐도 전혀 진전이 없는 것일까? 그것은 아까도 언급했듯 가치관이 통일되지 않은 데다 목표를 정해놓지 않았기 때문이다.

2010년에 일본 나고야에서 열린 '제10차 생물다양성협약 당사국 총회(COP 10)'에서는 '나고야 의정서(Nogoya Protocol)'와 '아이치 목표(Aichi Target)'라는 두 개의 국제협약이 채택되었다.

나고야 의정서는 유전(遺伝)자원의 공평한 배분에 관한 약속이다. 적도 근처의 생물 다양성이 높은 지역을 아우르는 개발도상국에는 풍부한 유전자원이 존재한다. 지금까지는 농작물의 원종(原種) 및 의약품의 원재료가 되는 식물 종이나 토양세균으로 선진국이 무언가를 개발하면 그 이익을 선진국만 독점해왔다.

이를테면 마다가스카르섬의 일일초(Catharanthus roseus) 성분에서 뽑은 항암제, 중화요리용 향신료인 팔각(Star anise)으로 만든 독감 치료제 타미플루 등이 그것이다. 세월을 거슬러올라가 15세기에는 스페인 사람이 남미에서 가져온 고산 식물을 원종으로 삼아 새롭게 감자라는 품종을 개발하기도 했다.

선진국 기업은 식민지 시대부터 유전자원을 개발하고 그 이익을 독점해왔다. 따라서 그간 개발도상국의 불만도 어지간히 쌓였을 것이다. 이런 생물자원을 이용한 제품의 시장 규모는 적게는 45조 엔에서 많게는 70조 엔에 이른다고 한다.

세계화가 진행됨에 따라 개발도상국은 선진국을 향해 의약품 등 원료를 제공하는 원산국에 이익을 돌려주고 나아가 개발 기술도 제공해달라고 요구했다. 특히 현재와 미래의 이익뿐만 아니라 식민지 시절에 얻은 과거의 이익까지 돌려주어야 한다고 주장한다. 당연히 선진국과 기업은 이익 배분에 따른 부담이 너무 커지면 자원을 쓸 수 없고, 결과적으로 개도국에도 불이익이라고 맞받아치는 상황이라 선진국과 개도국 간의 이익을 둘러싼 갈등은 계속되고 있다.

이 유전자원의 이익 배분 문제는 생물 다양성 조약에서도 중요한 과제로 다루고 있으며 '유전자원에 대한 접근(Access) 과 유전자원의 이용으로 발생하는 이익의 공정하고 공평한 배분(Benefit-Sharing)'이라는 목표를 정했다. 이를 Access and Benefit-Sharing의 머리글자를 따서 ABS라고 부른다.

나고야 의정서에는 이 ABS를 달성하기 위한 구체적인 규칙을 담고 있는데, 대표적으로 아래 3가지를 들 수 있다.

○ 유전자원 제공국은 각 이용국과의 합의 및 계약에 근거해 유전자원을 제공하도록 확실·명확·투명한 규칙을 제정할 것

○ 이용국은 자국에서 이용되는 유전자원이 제공국이 정한 규칙을 준수하여 취득되었음을 담보하기 위한 규칙을 제정할 것

○ ABSCH(유전자원정보관리센터)에 유전자원 이용에 관한 제공국의 법령·허가증 정보를 신고할 것

이로써 향후 선진국이 무단으로 타국의 유전자원을 반출 및 개발하는 것은 각국의 법령에 근거하여 금지되었다.

이 규칙은 의약품 개발이나 식품 개발 같은 산업 목적의 유전자원 이용뿐만 아니라 분류학, 생태학, 진화학 등 기초 연구 분야에도 파급력을 지닌다. 따라서 지금은 우리 연구자도 마음대로 표본을 가지고 나올 수 없다.

이 유전자원의 이익 재배분이야말로 생물 다양성 조약의 진정한 목적이었다고도 할 수 있다.

그러나 미국을 포함한 선진국 중에는 세계화라는 명분 아래, 유전자원을 의약품 등에 활용하고 경제적 이득을 꾀하려는 생각에 ABS 비준을 주저하는 나라가 많아 각국의 협조가 충분하지 못한 실정이다. 의정서를 만든 의장국인 일본조차 불과 3년

전인 2017년에야 비준을 마쳤다.

COP10에서 정한 또 하나의 협약인 '아이치 목표'는 어설프게나마 생물 다양성 감소를 막아보려고 세운 목표다.

솔직히 내용도 구체성이 떨어지고 이미 목표 달성 여부를 가늠할 수 있는 2020년 현재, 아이치 목표는 무엇 하나 눈에 띄는 성과가 없다는 평가를 받고 있다.

외래종에 관해서도 '외래종을 방제하고 늘리지 않는다'라는 당연한 소리만 쓰여 있을 뿐이다. 수치화된 목표를 설정하는 등 구체적인 골인 지점을 제시했어야 했던 게 아닐까?

무엇보다 생물 다양성 보전의 근간이 지역성에 있고 생물 다양성을 지키는 주체가 지역 커뮤니티이며, 지역민 합의에 따라 방침과 지침을 정한다면 국제기준은 오히려 무용지물일지 모른다. 아이치 목표의 추진 기한이 곧 마감을 앞두고 있고 포스트 2020년 목표를 준비 중인 시점이지만 해결해야 할 생물 다양성 과제는 여전히 산더미다.

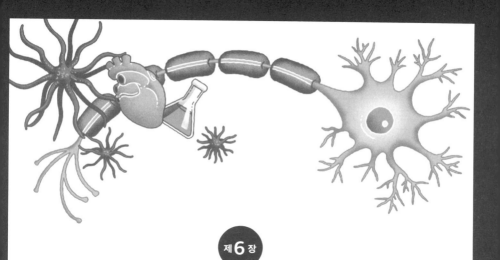

제6장

생물학과 미래

77억 명으로 불어난 인류를 바이러스가
도태시키려고 한다고?

BIOLOGY

팬데믹은 언제 일어나도 이상하지 않다

이 장에서는 예측할 수 있는 범위 내에서 미래에 관해 얘기해보고자 한다.

우선 최근 인류를 생물학적으로 위협하는 대표적인 문제는 감염병 확산이라 할 수 있다. 이쯤 되면 감염병은 눈에 보이지 않는 외래 생물이라고 해도 무방하다. 감염병을 일으키는 병원체는 기생충이나 균류, 세균, 바이러스 등과 같은 미소 생물이다. 근래에 발생한 독감이나 에볼라출혈열, 에이즈, 뎅기열, 지카열, 홍역 등은 팬데믹(pandemic)*으로 번질 우려가 있는 질병으로 다들 한 번쯤은 들어봤을 것이다.

---

* 세계적 감염병 대유행-역주

이들 병원체는 야생동물이나 애완동물을 통해, 혹은 사람 체내에 잠복해 있다가 아무도 모르는 사이에 인간 사회에 침투한다.

일본도 기후가 열대화되면서 특히 병원체를 옮기는 모기나 진드기 등 열대 지역이 원산지인 곤충류가 도시를 중심으로 연중 서식할 수 있는 환경으로 바뀌고 있다. 사람과 물자가 정신없이 국경을 넘나드는 오늘날의 사회구조를 생각하면 감염병이 국내에 들어와 대유행을 일으킬 위험은 얼마든지 있다.

일례로 2014년 서아프리카에서 유행하기 시작한 에볼라출혈열(Ebola hemorrhagic fever)은 미국이나 스페인 등으로도 퍼졌다. 당시만 해도 에볼라출혈열은 아프리카 일부에서만 사망자를 내고 수그러드는 패턴을 반복하는 풍토병 같은 존재였다. 그러나 최근 아프리카 경제가 눈에 띄게 발전하면서 사람과 물자의 출입이 잦아지자, 마침내 에볼라 바이러스도 아프리카 밖으로 번지기 시작한 것이다.

처음에 시에라리온 일부 지역에서 에볼라출혈열이 발생했을 당시, 현지 병원에서 근무하던 의사 셰이크 우마르 칸(Sheik

Umar Khan, 1975~2014) 박사는 헌신적으로 환자를 치료하며 정부에 감염자가 확인된 지역의 도로를 봉쇄해 확산을 막으라고 호소했다. 그러나 경제가 마비될 우려가 있다는 이유로 요청은 받아들여지지 않았고 결국 피해 규모는 더 커지고 말았다.

하는 수 없이 우마르 칸 박사는 미국 질병통제예방센터(CDC, Centers for Disease Control and Prevention)에 도움을 청했지만, 미국도 시에라리온의 일부 지역에까지 내정 간섭을 할 수는 없었다. 세계보건기구(WHO, World Health Organization)도 곧바로 도와주지 않기는 마찬가지였다.

그 사이 에볼라출혈열은 기니, 라이베리아, 나이지리아 등으로도 확대되었다. 그제야 WHO가 의료단을 보내주어 겨우 감염 확산을 수습했다. 하지만 이후에도 에볼라출혈열은 재유행을 거듭하고 있어 방심할 수 없는 상황이 계속되고 있다.

현지에서 치료에 전념하던 우마르 칸 박사는 결국 에볼라출혈열로 사망해 영웅으로 칭송받고 있다. 특히 그가 미국으로 보낸 감염 환자의 혈액 표본 덕에 에볼라출혈열이 어떻게 확산했는지 파악할 수 있었는데, 이는 중요한 연구 논문으로 발표되기도 했다.

논문에 따르면 에볼라 바이러스는 정확하게 경제 루트, 즉 서아프리카의 주요 도로를 따라 퍼져나갔고 국제항을 통해 유럽으로 넘어갔다.

　지리적으로 보면 서아프리카는 일본에서는 멀어도 유럽과는 가깝다. 거기다 기니, 나이지리아 등 개방경제를 표방하는 국가는 큰 무역 시장이기도 하다. 심지어 중국도 투자에 나섰다. 최근 추진 중인 중국의 일대일로 정책은 동아시아와 유럽, 아프리카 경제권을 단단하게 묶고 있다. 이처럼 빠른 속도로 세계가 연결되는 시대에는 감염병 위험을 과거처럼 지리적 규모로만 측정해서는 한계가 있다.

도쿄 올림픽에서 새로운 감염병 팬데믹이 일어난다고!?

　결국 2014년에 일어난 에볼라출혈열 팬데믹은 감염병이 초래할 위험보다 경제를 우선시하는 우리의 실상을 여실히 보여주었다. 그와 동시에 세계화된 경제가 감염병 확산을 얼마나 빠르게 부추기는지도 알려주었다.

　2016년은 세계적으로 지카 바이러스(Zika virus)* 확산이 우려되던 시기였다. 모기가 매개체인 지카 바이러스는 본래 아프리카에서 시작된 것으로 알려졌는데, 마찬가지로 제2차 세계대전 이후 국제 경제가 발전하면서 아프리카에서 인도, 동남아시아,

---

* 1947년 우간다의 지카 숲에서 최초로 발견되어 붙여진 이름으로, 모기를 매개로 사람에게 감염되는 바이러스의 일종-역주

태평양 제도로 분포를 넓히더니 2014년에는 브라질에까지 침투했다.

그 해에 브라질에서 월드컵이 개최되면서 많은 여행객이 브라질을 찾은 것이 바이러스 침투의 원인이었다. 뒤이어 2016년 리우데자네이루 올림픽 개최로 다시금 많은 여행객이 브라질을 드나들면서 플로리다와 유럽에까지 바이러스가 퍼졌다. 당연히 일본인 중에도 리우 올림픽을 보러 간 사람이 적지 않기 때문에 그들이 지카 바이러스를 일본으로 들여왔을 가능성 또한 낮지 않다고 본다.

공교롭게도 지카 바이러스는 감염되더라도 대부분 증상이 나타나지 않거나(불현성 감염률 80%) 증상이 나타나더라도 크게 중증으로 발전하지 않는다. 이 때문에 감염돼도 병원에 잘 가지 않고 그대로 방치될 가능성이 높아 바이러스 침투 여부를 파악하기 어렵다.

그러나 지카 바이러스는 모체에서 태아로 수직 감염(vertical transmission)을 일으켜, 소두증 등 이른바 선천성 지카 바이러스 감염증으로 인한 장애를 유발할 위험이 있다. 최악의 경우 선천성 장애라는 무시무시한 질환을 일으키는 바이러스인데 보균자 본인도 감염 여부를 파악하기 어렵다니, 참으로 골치 아픈 감염병이다. 따라서 앞으로는 일본에서도 모기로 인한 감염병 확산 가능성을 심각하게 받아들이고 가능한 한 물리지 않도록 주의해야 한다.

감염병 확산이라는 관점에서 일본이 다음으로 경계해야 할 큰 행사가 도쿄 올림픽이다. 일본은 경제 대국으로 평소에도 다양한 국가와 지역에서 많은 사람과 물자가 드나든다. 올림픽이 열리는 해에는 이런 이동이 더욱 왕성해질 것이다. 현재 일본 정부는 테러 대책을 우선시하고 있으나, 새로운 감염병으로 인한 팬데믹 발생 위험도 염두에 두고 차단방역(biosecurity)*에도 힘써야 한다고 생각한다.

이미 일본에서도 뎅기열 환자가 확인된 데다, 미국너구리처럼 감염병을 옮길 우려가 큰 외래동물도 다수 도시에 서식하고 있다. 이런 외래종을 통해 감염병 병원체가 유입됐을 때 어떤 심각한 일이 벌어질지 예상하는 건 그리 어렵지 않다.

2019년 5월, 후생노동성(厚生労働省)**과 국립감염병연구소가 에볼라출혈열 같은 감염병을 일으키는 바이러스 5종을 수입한다고 발표해 큰 논란이 된 적이 있다.

---

* 정해진 구역 안에서 모든 생물체 출입을 제한함으로써 질병 전염을 예방하고자 하는 방역-역주
** 대한민국의 보건복지부, 고용노동부에 해당한다.-역주

이번에 수입을 단행한 바이러스는 모두 치사율이 높고, 일본의 법정 감염병 분류에서 가장 위험한 제1군 감염병으로 지정된 것들이다.

이렇게 위험한 바이러스를 일부러 수입하는 이유는 특히 도쿄 올림픽으로 해외 입국자가 증가함에 따라 감염병이 일본으로 유입되어 발병했을 때를 대비하기 위해서라고 한다. 어떤 감염병인지 정확하게 진단하려면 살아 있는 바이러스가 필요한 만큼, 일본에서도 이런 바이러스를 보관해두겠다는 것이 수입의 목적이다. 물론 백신이나 치료법 개발에도 유용할 것이다.

이 바이러스 5종을 보관하고 취급하는 곳은 도쿄도 무사시무라야마시에 있는 국립감염병연구소 청사 내 'BLS 4시설'이다. 해당 시설은 총 네 단계로 나뉜 국제 생물안전도(biosefety level, BLS) 기준 중 가장 위험도가 높은 병원체를 안전하게 취급할 수 있는 곳으로, 일명 'P4 시설'이라고도 불린다.

그러나 시설 주변에 주택가가 있어 당연히 병원체 도입을 불안해하는 시민의 목소리가 높아졌고 후생노동성은 무사시무라야마시와 협의를 거듭한 끝에 가까스로 도입 승인을 얻었다.

이런 위험한 바이러스를 팬데믹을 대비해 보관해야 하는 상황도 세계화가 가져온 딜레마라 할 수 있겠다.

77억 명으로 불어난 인류를 도태시키려는 바이러스

　지금까지 인류 역사에 존재하지 않았던 신흥 감염병이 최근 들어 인간 사회를 위협하는 존재로 등장하고 있다. 근본 원인은 인간의 환경파괴가 몰고 온 생물 진화 붕괴에 있다.

　근본적으로 기생생물이나 병원체는 야생동물을 거처 삼아 살아가는 생명체다. 그런데 인간이 개발을 빌미로 그들의 숙주인 야생동물 터전을 파괴하는 바람에 야생동물 개체수가 줄어들었고, 거처를 빼앗긴 바이러스는 새로운 숙주를 찾다가 침략자인 인간에게 들러붙어 신세계와 마찬가지인 인간 사회에 도달하게 된 것이다. 그들은 곧 인간을 새로운 숙주로 점찍고 점점 활동 범위를 넓히며 자기들이 살아남을 수 있는, 공생이 가능한 신체를 지닌 숙주 인간을 찾아 나선다. 그 결과 인간은 지금껏 본 적도 없는 바이러스에 감염되고, 당연히 면역력이 전혀 없는 상태라 중증 환자가 속출하고 급기야 사망자까지 발생하는 것이다.

　사실 1970년대부터 인간 사회를 휩쓸기 시작한 사스 코로나 바이러스*는 관박쥐(Rhinolophus ferrumequinum)의 몸속에, 그리고 AIDS**의 원인인 HIV***는 원숭이류 몸에 기생하며 얌전히 살던

---

* 　SARS corona virus: 중증 급성 호흡기 증후군-역주
** 　Acquired Immune Deficiency Syndrom: 후천성 면역 결핍증-역주
*** Human Immunodeficiency Virus: 인간 면역 결핍 바이러스-역주

것들이다. 그러다 산림개발과 세계화 물결을 타고 밀림에서 우리가 사는 세계로 영역을 확대한 것뿐이다.

원래 이들 바이러스는 인간이 지구상에 등장하기 훨씬 전부터 야생 생물에 기생하며 진화를 거듭한 생명체로, 생물 다양성을 구성하는 어엿한 일원으로서 생물 진화에 중요한 역할을 담당해왔다. 이를테면 야생 생물 중에 비정상적으로 증식을 계속하는 집단이 있으면 그곳에 침투해 병을 일으켜 개체수를 조절하고, 동시에 그 집단을 저항성을 갖춘 좀 더 강한 계통으로 진화시키는 천적 역할을 담당한 것이다.

이를테면 발이 느린 얼룩말을 잡아먹어 얼룩말 집단의 개체수를 조정하고 동시에 발이 좀 더 빠르고 강인한 얼룩말 집단으로 진화시키는 사자와 같은 역할을 바이러스도 맡고 있는 것이다.

사자가 외부 천적이라면 바이러스는 내부의 천적이라 할 수 있다. 즉 바이러스 같은 병원체나 기생생물은 생태계가 균형을 유지하도록 도와주는 중요한 존재다. 따라서 생물 다양성 보전도 이런 바이러스 내지는 기생생물과 분리해서 생각해서는 안 된다. 그러나 우리 인간은 무분별한 개발과 대량 포획으로 야생 생물의 터전을 망가뜨렸고, 결국 살 곳을 빼앗긴 바이러스는 새로운 서식처를 찾아 인간이 사는 '도시 정글'로 몰려오고 있다.

만일 신종 감염병을 일으키는 바이러스한테 생각하는 능력이 있다면(실제로는 없지만), 그래서 지금의 지구상의 77억 명도 넘는 인간을 목격한다면, 우리를 개체수가 너무 많아 생태계의 균형을 무너뜨리는 생물 집단이라고 판단할 것이다. 그러면 바이러스는 지구 환경을 위해서라도 얼른 인간을 줄여야 한다고 생각하고 생태계가 본래 기능을 발휘하도록 인간 집단에 침투해 거듭 감염을 일으키며 인간을 도태시키려 할 것이다.

본래 생물 진화 법칙대로라면 신종 감염병 확산으로 면역력이 없는 인간은 병에 걸려 사라지고 면역력을 가진 인간만 살아남아 인간 집단 개체수가 점차 조정되면서 바이러스와의 새로운 공생 관계가 구축되고 자연 생태계와 생물 다양성이 평화와 균형을 되찾는 흐름으로 가야 하나, 인간은 이 법칙을 깨버린다.

즉 자기들이 도태되는 대신 바이러스를 박멸하는 항바이러스제를 계속 만든 것이다. 그러면 바이러스도 이에 질세라 약제에 대한 내성을 발달시켜 다시 인간을 덮친다……. 이런 식으로 우리는 지금 바이러스와의 경쟁을 반복하고 있다.

그러나 이 싸움에서 인간에게 승산은 없다고 본다. 일례로 최근 몇 년 사이 겨울마다 독감이 유행해 커다란 사회문제가 되고 있다. 그러나 독감 바이러스와 인간의 싸움은 이미 4천 년 전부터 시작됐으며 여전히 우리 인간은 독감을 이기지 못하고 있다. 그만큼 바이러스 진화 속도가 빠른 데다 정글 오지에서 이름 모를 바이러스가 끊임없이 인간 사회를 덮쳐오기 때문이다.

인간의 신약 제조 능력을 훨씬 웃도는 기세로 바이러스는 우리를 공격할 것이다. 그러면 머지않아 인간 사회는 신종 감염병 습격에 못 이겨 붕괴할지 모른다. 이 승산 없는 싸움을 끝내기 위해서라도 더 이상의 생물 다양성 파괴는 막아야 한다. 말 그대로 긁어 부스럼 만들기나 다름없는 행위를 멈춰야 한다.

신종 코로나바이러스(COVID-19)의 습격

사실은 이 원고는 2018년에 쓰기 시작해 2019년 11월에 마무리한 것이다. 그리고 2020년 1월 11일, 신종 코로나바이러스인 SARS-CoV-2*로 인한 첫 사망자가 중국에서 나왔다는 소식이 일본에 보도됐다. 그 후, 이 바이러스는 불과 2개월 만에 전 세계로 퍼져 2020년 4월에는 남극을 제외한 모든 대륙에 도달했다.

새로운 감염병의 확산으로 전 세계는 공황에 빠졌고 치료법도 없던 탓에 각국에서 수도권을 중심으로 외출과 경제활동을 전면 금지하는 봉쇄 조치가 시행되면서 세계 경제는 순식간에

---

* Severe acute respiratory syndrome coronavirus 2: 제2형 중증급성호흡기증후군 코로나바이러스-역주

마비 상태에 빠졌다.

일본에서도 도쿄를 중심으로 감염이 급속히 확대되어 4월 7일에는 긴급사태가 선언되었고, 외출 및 상업 활동 자제가 의무화되면서 경제도 위축될 대로 위축됐다. 더군다나 위에서 언급했던 바이러스 습격이 공교롭게도 도쿄 올림픽 개최를 앞둔 2020년 여름보다 빨리 실현되는 바람에 올림픽마저 미뤄지는 사태가 발생했다.

신종 코로나바이러스는 이제 막 발견된 감염병이며 그 정체는 아직 충분히 밝혀지지 않았다. 다만 과거 코로나바이러스와 비교해 훨씬 강력한 감염력으로 앞서 말했듯 단 몇 개월 만에 전 세계로 퍼졌다. 게다가 북쪽으로는 러시아와 캐나다, 남쪽으로는 동남아시아, 인도, 중동, 아프리카, 중남미에 이르기까지 모든 대륙으로 확산한 걸로 보아 온도나 습도 같은 환경적 차이에도 전혀 아랑곳하지 않는 적응력이 강한 바이러스로 보인다. 이러다 앞으로 일본에서도 계절을 불문하고 유행이 계속되는 것은 아닐지 우려스럽다.

신종 코로나바이러스가 중국에서 처음 발생했을 때만 해도 일본을 포함한 세계 각국은 이 바이러스의 위험도를 평범한 감기 수준으로 파악했다. 실제로 발생 초기, 감염 중심지였던 중국 우한시의 데이터를 보면 감염자가 고령자를 중심으로 발생하고 중증으로 발전하는 것도 고령자 위주라 젊은 층이나 어린이는 잘 옮지 않고 치사율도 독감보다 낮은 수준으로 보였다.

그런데 이렇게 방심한 것이 큰 실수였다. 중국에서 첫 확진자가 2019년 12월에 나왔다는 건 그전부터 바이러스가 인간 사회에 조금씩 침투하기 시작했다는 뜻이고, 때마침 인구가 대거 이동하는 연말연시를 맞이하면서 단숨에 전 세계로 퍼진 것이다.

게다가 이 바이러스는 감염자와 얼굴을 마주하고 대화를 나누기만 해도, 혹은 악수 등 감염자의 몸에 살짝 닿거나 감염자의 침이 묻은 물건을 건드리기만 해도 병이 옮는 강력한 감염력을 보이는 데다 실제로 감염되어 바이러스가 체내에서 증식해도 무증상 내지는 가벼운 증상밖에 나타나지 않는 이른바 불현성 감염(inapparent infection) 비율이 극히 높다 보니 부지불식간에 감염이 확대되는 사태가 벌어졌다.

에볼라출혈열처럼 발병률도 치사율도 높은 바이러스는 감염자가 곧 발병자이기 때문에 바이러스 존재를 즉시 파악해 환자를 격리할 수 있다. 그러나 신종 코로나바이러스는 감염된다고 해서 모두 증상이 나타나는 게 아니다 보니 감염 여부를 파악하기가 어려워 자칫 무증상 감염자가 여기저기 돌아다니며 바이러스를 퍼뜨릴 우려가 크다. 이렇듯 감염력이 높다는 점에서 신종 코로나바이러스는 인간 사회에 훌륭하게 적응한 최강 바이러스라고 할 수 있다.

맹렬한 기세로 감염자가 증가하자, 중증 환자 수도 단숨에 늘어나 병원 병상도 순식간에 포화 상태가 되면서 세계 각국은 일제히 의료 붕괴 사태를 맞이했다.

특히 주로 북반구에 있는 선진국의 의료 시스템과 경제가 마비되는 바람에 감염자가 폭증하는 개도국에 대한 경제적, 의료적 지원도 불가능해져 그야말로 국제사회 기능은 마비 상태에 이르렀다.

설상가상 사람들은 불안에 빠져 서로 대립하기 시작했다. 국가나 민족 간의 분열이 발생하는 등 인간 사회에 쌓인 신뢰마저 무너질 위기에 처했다. 팬데믹의 근본 원인과 책임을 둘러싸고 미국과 중국의 갈등이 격해졌으며 세계보건기구(WHO)의 존재감도 크게 흔들렸다. 일본에서는 정부가 상업 활동이나 여행, 이동을 자제해줄 것을 촉구하자, 자기 지역에서 다른 지역의 번호판을 단 차량을 발견하면 차체를 훼손하거나 낙서를 하기도 했고, 문을 연 상점에 영업을 비난하는 전단을 붙이거나 인터넷으로 악성댓글을 퍼붓는 등 소위 '자숙 경찰(自肅警察)'이라는 편향된 정의감이 국민 사이에 퍼져 불신을 조장하고 불안감을 부추겼다.

반면에 세계 경제가 마비되자 물이나 공기 등 자연환경 오염이 멈추고 대기 중 온실가스 배출량이 급속도로 낮아지고 있다는 보고도 있었다. 여태까지 아무리 온난화 방지 캠페인을 벌이고 자연 보호 중요성을 소리 높여 외쳐도 전혀 멈출 기미가 없었던 환경파괴 흐름을 신종 코로나바이러스가 불과 한 달 만에 멈추게 한 것이다.

이 원고를 최종 교정하고 있는 2020년 7월 현재, 일본을 포함해 중국과 미국, 유럽의 선진국에서는 감염자 수가 감소하면서 의료 현장이 안정을 되찾음에 따라 서서히 경계 태세를 늦추고 경제 회복을 도모하기 시작했다. 그러나 활동 자제 조치가 풀리고 사람들이 거리로 나오자 다시 클러스터(Cluster)라고 불리는 감염자 집단이 발생하는 사태가 반복되는 등 여전히 바이러스는 우리 사회에 숨어서 존재감을 드러내고 있다.

더욱이 아프리카나 남미의 감염 확산세가 심각한데, 브라질에서는 정글 오지에 사는 소수 원주민 마을까지 바이러스가 퍼졌다는 보고가 나오고 있다. 그들은 지극히 소규모 집단으로 외부와 격리된 환경에서 살아남는 부족이라 어지간한 감염병에는 면역력이 부족해 자칫하면 부족의 존속 자체가 위태로워질 수 있다.

공중보건이 발달하지 않은 남반구의 개발도상국에까지 바이러스가 퍼진 만큼, 지금의 확산세가 세계적 규모로 장기간 이어질 가능성이 높다는 사실을 유념해야 한다.

신종 코로나바이러스로 우리 인간은 새삼 자연의 위력을 실감했다. 동시에 이 책에서도 언급한 인간만의 독특한 특징인 이타심도 시험대에 올랐다. 이 바이러스가 무서운 건 에볼라출혈열처럼 걸리면 죽음을 면치 못한다는 두려움 때문이 아니다. 다수의 불현성 감염자가 존재한다는 특징 탓에 정작 자신은 아무렇지 않은데 의도치 않게 상대방을 감염시켜 죽음에 이르게 할지도 모른다는 불안감과 공포심을 일으키기 때문이다. 한편으로는 나만 안 걸리면 그만이라는 식의 원초적이고 이기적인 인간 본성도 함께 불러일으킨다.

특히 도쿄 등 도시화가 진행된 지역에서는 자연의 위협도 받지 않는 데다 경제활동만 가능하면 혼자서도 얼마든지 살 수 있는 환경이다 보니 남 일은 모른다, 남보다는 나, 지금의 자신이 중요하다는 이기심이 우선시되는 사회가 되고 있다. 그야말로 바이러스한테는 딱 알맞은 거처다.

앞으로 우리가 이 바이러스를 제압할 수 있을지는 인간이 이타적으로, 즉 상대를 배려하는 마음으로 행동할 수 있느냐에 달려 있다. 요컨대 현대인이 '지금은 자신이 가장 중요'하다는 사고의 틀에서 벗어날 수 있느냐가 관건이다. 더군다나 신종 코로나바이러스라는 감염병이 순식간에 전 세계로 퍼지면서 인류는 이타심과 이기심이라는 두 가지 본질 사이에서 계속 갈팡질팡하고 있다. 이기심으로 기울면 인간은 바이러스 의도대로 휘둘리다 결국 패배할 것이다. 바이러스에 맞서려면 지금이야말로 이타심이라는 인간만이 가진 무기를 꺼내 들어야 한다. 지금은 인류 전체가 인간 사회에 만연해 있는 불안감과 이에 맞물려 퍼지고 있는 분열과 대립을 극복하고 연대와 협력을 통해 바이러스에 맞서야 할 때라고 생각한다.

현재 전 세계가 과학기술을 총동원해 이 바이러스에 대항할 백신과 신약을 개발하고 있는 만큼 머지않아 바이러스를 통제할 날은 다가올 것이다.

하지만 우리가 다시 원래의 이기적 욕구에 기반한 글로벌 경제사회, 자원 낭비형 사회로 돌아간다면 새로운 바이러스로 인한 재앙은 반복될 것이다. 이번 신종 코로나바이러스 대유행을 계기로 우리는 이타적 인간으로의 회귀와 더불어 자연과 공생하는 자원 순환형 사회를 지향하는 생활 습관의 필요성을 깨달아야 한다. 지금의 자신을 최우선으로 삼는 사회에서 다음 세대를 배려하고 다른 생물 종을 배려하고 자연을 배려하는 이타적 사회로의 진화……. 신종 코로나바이러스가 의도치 않게 이 책에서 논의했던 미래 사회의 실현 가능성을 시험해볼 기회를 열어준 듯하다.

책이 발간됐을 때는 조금이나마 일상이 안정되고 인간 사회에 광명이 보이길 기원한다.

인간은 멸종해도 생물은 계속 남는다

지구에 생명이 탄생한 지 38억 년이 지났다. 이 기나긴 생물 진화의 역사 중, 지구상의 생물이 대량으로 사멸하는 대멸종 사건이 다섯 번 있었다. 멸종의 원인은 지질 변동이나 운석 충돌에 따른 기후 변화로 추정된다.

멸종이 일어나면 그 시점에서 지구에 서식 중인 종의 90% 가까이는 소멸하는 것이 일반적이다. 그리고 새로운 환경에 적응하려는 종이 진화를 거듭하며 새로운 생물 다양성을 형성한다.

한편 이제 우리는 여섯 번째 대멸종을 맞이하고 있다. 다만 과거의 대멸종 사건과는 달리 자연 현상이 아니라 우리 인간 활동이 초래한 환경파괴가 원인으로 지목되고 있다. 게다가 진행 속도도 과거와는 차원이 다르게 빨라, 현대 인류는 그야말로 생물 역사상 최악의 멸종 시대를 맞고 있다고 한다.

물론 현재 우리는 이 지구상에 서식하는 생물 종의 수조차 다 파악하지 못하고 있으며, 실제로 이 멸종 속도가 생물 종 전체에 얼마나 큰 영향을 줄지도 예측할 수 없다.

확실히 최근 들어 여태 주변에 흔하게 볼 수 있던 생물들이 점차 자취를 감추고 있다는 건 많은 이들이 실감하는 사실이라 그 변화 속도에 위기감을 느끼는 것도 무리는 아니라고 본다. 그러나 여기서 중요한 것은 만약 이대로 생물 종이 계속 줄어들어 생물 다양성이 크게 훼손됐을 때 가장 난처해지는 건 우리 인간이라는 사실이다.

생물 다양성이 감소하고 생태계가 제 기능을 못하게 되면 깨끗한 물과 공기, 비옥한 토양 등 인간 생활의 필수 기반이 무너져 생물학적으로 최약체인 인간은 순식간에 그 수가 줄어들 것이다.

그리고 인간이 줄어서 자연 파괴가 중단되면 생물은 다시금 새로운 환경에서 진화를 거듭할 테고 새로운 생물 다양성이 창출될 것이다. 즉 생물은 앞으로도 계속 살아남아 진화를 거듭하며 다양하게 분화될 거라는 소리다. 오히려 환경 변화를 견디지 못해 먼저 사라지는 쪽은 우리 인간일 확률이 더 높다.

심지어 지금처럼 훼손된 자연환경에서도 생물은 적응과 진화를 반복하며 새로운 종을 계속 낳고 있다.

이미 약제에 저항성을 지닌 모기나 바퀴벌레 같은 해충은 외양은 그대로일지 몰라도 내부나 생리 기능은 보란 듯이 도시 환경에 맞춰 진화하고 있다.

미국너구리나 흰코사향고양이(Paguma larvata) 등 외래종이 도시 환경에 적응해 완전히 정착하는 현상도 새로운 도시 생태계의 진화를 의미한다. 생물은 항상 서식 장소나 환경을 찾아다니며, 조금이라도 새 환경에서 유리하게 살 수 있도록 스스로 진화를 반복한다. 그리고 미묘한 환경적 차이에 맞춰 종의 세분화, 즉 종 분화(speciation)를 일으킨다.

여기서 치밀한 종 분화 예를 들어보고자 한다. 대나무 잎에 둥지를 트는 대나무 진드기(Stigmaeopsis) 중에는 두 개의 비슷한 종이 존재한다. 두 종 모두 똑같이 좁다란 대나무 잎 위에서 살기는 하지만, 대나무 이파리의 미묘한 환경적 차이에 따라 서식지가 약간 구분되기는 한다.

그러나 몸 구조도 똑 닮은 두 종은 서식지마저 근접해 있다 보니 교배가 일어나기도 한다. 어떤 경우에는 잡종이 생겨 유전적으로 동화되기도 하고 때로는 번식 간섭이라고 해서 상대 난자의 수정을 방해하는 일도 벌어져 어느 한쪽이 멸종하기도 한다. 어쨌든 종간 교배는 각자의 집단을 유지하는 데 바람직하지

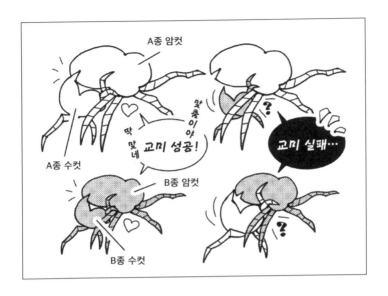

않은 결과를 낳는다.

그래서 그들은 서로 동족을 헷갈리지 않으려고 신체 일부 길이를 조금 달리해 진화했다. 이 두 종의 진드기는 엉덩이에 생식기관이 있어 수컷과 암컷이 엉덩이 끝을 맞대야 교미를 할 수 있다. 따라서 이때 수컷과 암컷의 몸길이가 같지 않으면 교미가 되지 않는다. 두 종 중 어느 한 종의 몸길이가 다른 한 종보다 미묘하게 짧게 진화한 것이다. 그 결과 서로 다른 종끼리 교미하려고 하면 암컷과 수컷의 생식기관 길이가 달라서 '어라? 안 들어가네?' 하며 교미에 실패한다.

이렇듯 몸길이를 미묘하게 달리해 종간 교배를 피하는, 즉 생식기 구조를 바꾸는 현상은 최근에야 발견됐다. 그야말로 진드기의 종 분화를 위한 눈물겨운 노력이 아닐 수 없다. 이런 미묘한 차이를 발견한 연구자의 노력도 눈물겹지만(웃음).

어쨌든 이렇게 서식 환경에 미묘한 차이나 허점이 있으면 거기에 맞춰 진화하는 것이 생물이다. 인간으로 인해 환경이 점차 달라져도 생물은 분명 왕성한 활동력으로 탐욕스럽게 새로운 서식 환경에 적응하고 진화를 계속할 것이다. 비록 90% 생물이 멸종됐다 해도 지구가 있는 한 생물은 다시 진화를 시도하고 다양성을 부활시킬 것이다. 다만 그 진화의 흐름을 인간이라는 생물이 따라잡을 수 있을지, 살아남을 수 있는지는 확실하지 않다.

앞으로 인간은 어떤 식으로 진화할까?

인류는 500만 년쯤 전에 침팬지에서 분화한 것으로 알려져 있다. 이후 우리 인간은 급속도로 문명과 문화를 발전시키며 이젠 지상 최강의 생명체로 생태계의 정점에서 군림하고 있다. 향후 인간은 어떤 식으로 진화할까? 미래의 인간은 어떤 모습일까?

앞으로도 인간이 몇만 년, 몇십만 년 동안 계속 살아남는다면 새로운 모습으로 진화할지도 모른다.

인간도 생물이기 때문에 환경 변화에 맞춰 진화는 한다. 지구에 혹한이 닥친다면 인간은 다시 털북숭이가 될지도 모른다. 만약 온 세계가 바닷물로 뒤덮인다면 인간은 아가미로 숨 쉬고 오리발이 달린 반어인(半魚人)으로 진화할지 모른다. 지구의 자전 속도가 떨어져 중력이 커진다면 인간도 악어처럼 땅에 기어서 다닐 테고 반대로 지구의 자전 속도가 올라가 중력이 작아진다면 거인으로 진화할 수도 있다……

그야말로 SF처럼 상상의 여지는 끝이 없다. 생물의 미래상은 그때그때 환경에 따라 달라지기 때문에 그리 쉽게 예측할 수 있는 건 아니다.

생물은 환경 변화라는 격랑 속에서 유전자를 재편하는 시행착오를 반복한다. 지금의 환경에는 불리한 듯한 형질이 환경이 바뀌면서 오히려 생존에 유리해져 과거 주류였던 형질을 제치고 새로운 주류가 될 수도 있다. 형질 우열의 역전극, 그 반복이 진화인 것이다.

인간이라는 종이 앞으로도 계속 진화하기 위해서라도 혹은 인간 사회가 지속해서 발전하기 위해서라도 유전자 다양성은 필수다. 다양성은 미래로 가는 가능성을 의미한다. 인간 사회를 위해서도, 풍요로운 사회의 지속 발전을 위해서도 다양한 개성과 성향을 지닌 인간이 더불어 사는 것이 중요하다.

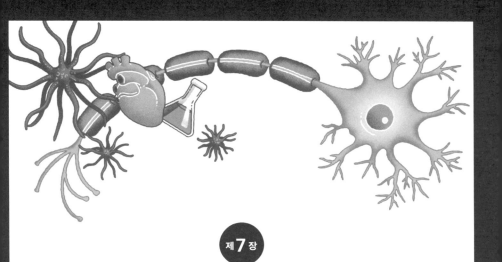

제 7 장

나와 생물학

인생을 바꾼 진드기와의 만남

BIOLOGY

인생을 바꾼 진드기와의 만남

　이번에는 조금 분위기를 바꿔서 내 얘기를 해보려고 한다. 최근 방송에도 출연하게 되면서 온라인에서도 종종 날 가리켜 시커먼 의상과 선글라스가 트레이드마크라고 하던데, 이번 장을 통해 내 정체를 조금이나마 잘 알게 되길 바란다.

　나는 현재 국립 환경 연구소에서 생물다양성보전을 전문적으로 연구하고 행정에 반영하는 일을 하고 있다. 이 일이 나와 잘 맞는 건 실은 내가 생물을 그리 좋아하지 않았기 때문인지도 모른다. 이렇게 말하면 지금껏 내 논문이나 저서를 읽어온 독자 중에는 '생물학자가 생물을 좋아하지 않는다니' 하며 실망할 분도 계실 것이다……

실제로 생물학 분야에 종사하는 연구자라면 어린 시절은 물론이고 성인이 되어서도 여전히 생물을 좋아하는 생물 마니아가 대부분이다. 하지만 솔직히 나는 생물보다 인간을 더 좋아한다. 인간의 개성이나 사고회로, 행동과 생활상이 훨씬 더 흥미롭다. 인간도 생물이니 넓은 의미에서는 나 또한 생물학자로서 생물을 사랑하는 것이라고 할 수도 있다. 물론 인간 이외의 생물도 흥미롭다. 다만 뭔가 특정 종을 보면 눈빛이 돌변할 만큼 지독한 생물 마니아는 아니라는 소리다.

기본적으로 생물에 깊은 애정을 가진 사람이 생물학자로서 뛰어난 관찰력을 발휘하는 건 분명한 사실이다. 하지만 개인적으로는 나 같은 생물학자가 있는 것도 다양성이란 관점에서는 중요하지 않을까 생각한다. 사랑하면 눈이 먼다는 말도 있듯 생물을 너무 사랑한 나머지 그 생물만 쳐다보다 시야가 좁아지는 건 과학자로서 바람직하지 않은 일이라고 본다.

특히 내가 일하는 환경 과학 분야는 과학자의 관점에서 진화나 생물을 설명할 뿐 아니라 거기서 얻은 지식이나 법칙을 풍요로운 사회를 만드는 데 반영해야 한다. 그 목적을 달성하려면 '생물이 너무 좋다, 생물이 제일 중요하다'라는 식의 생물 제일주의가 아닌, 행복한 사회를 위해 인간과 생물 사이를 중재할 줄 아는 사회학적 관점을 가지는 게 중요하다.

그런 의미에서 나란 사람은 지금 업무에서 상당히 유용한 인재라고 생각한다. 하지만 인간을 가장 좋아한다고는 해도 분명 어렸을 때 생물에 푹 빠져 지냈던 시기도 있었고, 그 시절의 경험이나 추억이 생물학자로 활동하는 지금의 나를 만들어준 것도 명백한 사실이다.

다만 기질상 나는 한번 끌리기 시작하면 뭐가 됐든 무서울 정도로 거기에 몰입한다.

유년기에는 벌레, 조립식 장난감, 외국 영화, 청년기에는 오토바이 여행처럼 나이가 들면서 흥미의 대상은 바뀌었어도 매번 푹 빠져들었다. 생물학도 그런 흥미의 대상 중 하나였고 그렇게 빠져서 지내다 급기야 직업이 된 것이다. 일단 내 인생을 바꿔준 진드기와의 만남부터 이야기해보겠다.

내가 다녔던 교토 대학 농학부는 1, 2학년 때는 교양 과목을 배우고 3학년 때부터 전공 실습에 돌입한다. 필수 과정이라 재학생은 한 번씩 연구실에서 실습 과정을 거쳐야 한다.

당시는 생명공학이 막 주목받기 시작하던 때라 나도 유전공학을 배워 기업에서 돈 되는 연구를 해보자는 생각으로 농대에 입학했다.

그랬던 내가 전공 실습 시간에 진드기를 만난 것이다. 현미경으로 처음 진드기를 봤을 때, 나는 충격으로 온몸이 떨렸다. 속으로 "뭐지, 이건!?" 하고 외치며 진드기의 움직임에서 눈을 떼지 못했다. 어릴 적 벌레를 좋아했던 기억이 한순간에 되살아났다.

이제껏 본 적 없는 조그만 절지동물(arthropoda)*이 현미경 렌즈 밑에서 꿈틀대고 있었다. 심지어 수컷끼리 암컷을 차지하려고 쟁탈전을 벌이고 있었다!! 나는 맨눈으로는 볼 수 없는 이 미시 세계의 강력한 매력에 순식간에 사로잡혔고, 그 후로 하염없이 현미경만 들여다봤다.

대학에 입학하고 이성이나 오토바이에만 정신이 팔려 벌레 같은 건 까맣게 잊고 살았던 내게 진드기가 던져준 충격은 절대적이었다.

그날부터 나는 진드기, 진드기 하며 노래를 부르고 다녔다.

그리고 졸업 논문 주제도 일본에서는 아직 연구가 더뎠던 '진드기의 유전과 진화'로 골랐다. 당시만 해도 해충 관점에서 진드기를 연구하는 움직임은 활발했지만, 크기가 너무 작고 다루기 힘들다는 이유로 진드기의 진화를 주제로 한 연구는 별로

---

* 외골격으로 둘러싸여 있고 다리가 마디로 이루어진 무척추동물-역주

진행된 것이 없었다.

　당시 곤충이나 진드기 연구에서는 집단 유전학(population genet-ics)*이란 학문이 뜨고 있었다. 곤충의 DNA를 해석했다는 이유만으로도 학회 참여자가 온통 내 발표에 모여들던 시절이었다. 아무도 연구한 적 없는 새로운 분야라는 점에 끌렸던 것이다.

관찰과 유전자 분석으로 보낸 나날

　내가 연구 대상으로 삼은 잎 진드기는 식물에 기생하는 진드기로, 농업 현장에서는 종종 농작물의 성장을 방해하고 농업 생산에 악영향을 끼치는 중요 해충이다.

　잎 진드기는 다른 진드기와 마찬가지로 성장이 빠르고 세대교체 기간도 매우 짧다. 불과 1년 만에 수십 세대가 바뀔 정도다. 사육도 작은 이파리 한 장만 있으면 수백 마리도 가능하다. 그래서 한 번에 많은 종류와 계통을 기를 수 있고, 이런 특징 덕에 유전이나 진화 실험을 하는 데 딱 알맞다. 단 유감스럽게도 몸집이 작아 신체적 특징 등 표현 형질의 차이를 관찰하기가 어렵다.

　나는 눈에 보이지 않는 잎 진드기의 유전적 다양성에 몹시도

---

* 집단의 유전적 조성의 특성과 유전적 조성에 영향을 미치는 요인을 연구하며, 특히 집단 내 또는 집단 간 유전적 차이를 연구한다.-역주

끌렸다. 대학교 4학년 때부터는 본격적으로 잎 진드기의 유전학적 연구에 매달리며 하루하루 조사와 해석에 몰두했다.

연구 대상도 잎 진드기의 일종인 점박이응애(Tetranychus urticae)라는, 일본 농경지 전역에 서식하는 종으로 좁혔다. 이 점박이응애가 지역에 따라 얼마나 유전적으로 달라지는지 살펴 휴면성(겨울에 동면에 드는 성질)이나 약제 저항성 같은 특징이 어떻게 진화하는지 연구했다.

점박이응애 표본은 직접 전국을 돌며 채집도 했지만, 각 지역의 농업시험장 관계자에게 협조를 구하기도 했다. 잎 진드기는 이름 그대로 잎에 서식하는 종이라 과일나무나 채소 등의 이파리 일부를 잘라 택배로 보내달라고 했다. 송달받은 진드기는 일부는 사육용으로 쓰고 나머지는 한 마리씩 으깨어 유전자 분석을 진행했다.

매일 잎 진드기를 관찰하고 유전자를 분석하며 지내다 보니 시간은 눈 깜짝할 사이에 지나갔다. 내친김에 나는 대학원 석사 과정까지 밟으며 오로지 진드기만 파고들었다.

대학교 3학년 때 진드기를 처음 만나 벌써 30년 이상 세월이

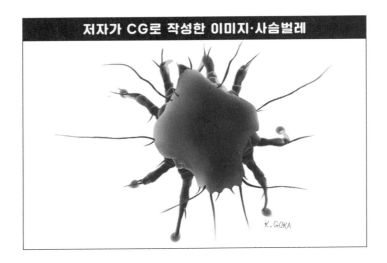

저자가 CG로 작성한 이미지·사슴벌레

흘렀지만, 진드기를 향한 호기심이나 설렘만은 변함이 없다. 지금 직장에서도 진드기 연구만은 계속하고 있다.

여전히 진드기를 보고 있으면 역시 멋지다는 생각이 절로 든다. 곤충처럼 마디가 없이 한 덩어리로 이루어진 몸통에 다리가 8개라는 단순한 구조가 못 견디게 마음에 든다. 그러면서도 종에 따라 형태가 다 다르고 생활양식도 다양하다. CG 작업을 하는 것도 정말 즐겁다.

출장지에서 수풀이 우거진 곳을 보면 어김없이 이파리를 뒤집어 진드기가 있지는 않은지 확인한다. 특히 먼 이국땅에서 진드기를 만나면 유전적으로 얼마나 특수한지 궁금해서 견딜 수가 없다. 일본에서도 오키나와나 오가사와라 제도처럼 본섬에서 떨어진 곳에 서식하는 진드기는 궁금하다.

생물보다 인간이 더 좋다면서 이렇게나 진드기한테 빠져든 이유는 어린 시절의 경험과 추억 때문이다. 그럼, 이쯤에서 내가 대체 어떤 유년기를 보냈는지, 지금에 이르기까지 어떤 삶을 살았는지 돌아보고자 한다.

도야마 시골에서 생물을 관찰하며 보낸 유년기

내 고향은 도야마현 다카오카 시다. 나는 시내 중심부 인근의 한 상점가에 자리한 집에서 살았다.

당시에는 일본 경제가 한창 고도 성장기를 달리던 때라 다카오카 거리에도 활기가 넘쳤다. 상점가에는 전자제품이나 생선, 쌀을 파는 소매점이 즐비해 늘 행인이 지나다녔다.

여름 방학이 되면 칠석(七夕)*을 기념하는 장식물이 달리기도 했고 밤늦도록 영업하는 노점은 늘 사람으로 북적였으며 마을에선 운동회가 열리기도 했다.

그런 상점가에서 조금만 걸어 나오면 논과 들이 펼쳐진 시골 마을이 등장했다. 초등학생 때는 귀갓길이면 어김없이 마을 이

---

* 견우와 직녀 전설에서 견우와 직녀가 오작교를 건너 1년에 한 번 만나는 날로, 일본에서는 양력 7월 7일을 말한다.-역주

곳저곳을 돌아다니며 곤충 채집을 했었다.

특히 사마귀를 좋아했는데, 잡은 사마귀는 집으로 가져와 귀뚜라미나 메뚜기를 먹이로 주고는 사마귀가 그걸 잡아먹는 모습을 흥미롭게 관찰했다. 그야말로 전형적인 사육 광이었다.

곤충 말고도 미국 가재(Procambarus clarkii)나 장지뱀(Takydromus tachydromoides), 달팽이 등 다양한 생물을 잡아 길렀다. 어쨌든 내 주변에는 늘 생명체가 넘쳐났다.

가을이 되면 고추좀잠자리(Sympetrum frequens), 속칭 고추잠자리가 무리를 지어 산에서 평지로 내려오던 풍경이 아직도 기억에 생생하다. 도야마 평야는 광활한 곡창지대라 고추잠자리한테는 안성맞춤인 서식지였다. 해 질 무렵, 가을 하늘을 가득 뒤덮으며 수많은 고추잠자리가 활공하던 모습을 지금도 똑똑히 기억한다.

거기다 당시 신사나 절의 다락에는 대부분 박쥐가 살았다. 저녁이 되면 박쥐는 벌레를 잡아먹으려고 무리를 지어 논이나 밭으로 날아온다. 그 모습을 집(건물) 옥상에서 바라보다 이따금 휘파람을 불었는데, 초음파를 들으며 비행하는 박쥐는 날카로운 휘파람 소리를 들으면 놀라서 허둥지둥 방향을 튼다. 난 그 모습을 보는 게 참 재미있었다.

심지어 잡아온 생물의 수컷과 암컷을 실내에서 교배시켜 알을 낳게 하기도 했다.

주위 친구들이 잡은 곤충은 얼마 못 가 죽었던 걸 보면 내 사육 실력은 꽤 괜찮은 편이었던 것 같다.

사육을 잘하는 비결은 매일 돌보고 사육 환경을 깨끗이 유지하는 것이다. 거북이나 가재 등 물이 필요한 생물을 사육할 때는 반드시 하루 동안 석회를 뺀 물을 사용했다. 나는 좋아하는 일을 할 때면 수고를 아끼지 않았던 것 같다. 그렇게 사육에 가장 열중했던 시기는 대략 초등학교 3학년에서 5학년 때까지였다.

미국 가재를 사육했을 때는 새끼(치어)를 대량으로 낳는 데 성공해 근처 강에 방류했던 기억도 있다. 이듬해에 동네 애들이 '우와―' 하고 환호성을 지르며 강에서 다 자란 미국 가재를 잡는 모습을 보며 '다들 정말 좋아하네? 뭔가 괜찮은 일을 한 기분이야'라는 생각이 든 적도 있다. 하지만 지금에 와서 생각해보면 당시 내가 한 일은 외래종을 강에 방류한 터무니없는 행위였을 뿐이다. 생태계 보호 운운하며 잘난 척하긴 했지만, 어릴 적에는 나도 외래종을 늘린 장본인이었다는 소리다……

그 밖에도 사슴벌레부터 장수풍뎅이, 사마귀, 살무사까지 길렀다.

밖에서 잡은 개구리를 살무사 사육함에 집어넣고 살무사가 포식하는 장면을 쭉 지켜본 적도 있다. 관찰하기를 정말 좋아해서 사육함을 머리맡에 두고 잤을 정도다. 공부방에는 항상 10개가 넘는 사육함이 나란히 놓여 있었는데 그런 나의 수집벽을 부모님은 용케도 눈감아주셨다.

관찰 대상이었던 생물이라도 때로는 학대의 대상이 되기도 했다. 논에 사는 올챙이를 공기총으로 쏘는가 하면 개구리를 꼬챙이에 꿰어 모닥불에 굽거나 잠자리 몸통을 잡고 날개를 떼어내는 등 끔찍한 행동도 서슴없이 했더랬다.

주위에도 그런 애들이 많았다. 그러고 보면 유년기란 인간의 야성이 드러나는 잔혹성을 품은 채 자라는 시기가 아닐까? 생물을 학대하면서 잔학성을 충족하고 동시에 생물은 허투루 다루면 죽는다는 진리를 깨달으며 점차 사생관(死生觀)을 갖춘 어른으로 성장하는 거라는 생각이 든다.

요즘에는 아이가 그렇게 생물을 학대하려고 들면 생명윤리에 어긋나는 행위라며 주변 어른한테 따가운 눈총을 받는다. 하지만 그런 어른들도 정작 어렸을 때는 많든 적든 비슷한 행동을 했던 경험이 있을 것이다. 문제는 학대라는 꾸중을 들을 만큼 아무리 괴롭혀도 주위에 넘쳐났던 생물이 이제는 점차 줄어들고 있다는 사실이다. 예전처럼 짓궂은 장난 정도로는 개체가 줄지 않는, 생명체로 가득한 풍요로운 자연을 되찾아주는 게 우리 어른들이 해야 할 일 아닐까?

조립식 장난감에 빠지다, 성적은?

초등학교 고학년 때부터는 조립식 장난감에 정신이 팔렸다. 어느 날 상점가를 지나가다 '프랑켄'이라는 이름의 새로운 조립식 장난감 가게가 생긴 것을 발견했다. '뭐지, 여기는?' 하고 가게 안을 들여다보니 처음 보는 조립식 장난감 세트가 산처럼 쌓여 있는 게 아닌가? 정말이지 그 흥미진진한 광경이란!

당시에는 조립식 장난감이라고 하면 전차나 전투기 등 무기나 병기를 본뜬 모형이 주류였는데, 이곳 주인은 취향이 상당히 이색적이어서 슈퍼맨이나 배트맨 같은 SF 영화 캐릭터나 프랑켄슈타인, 드라큘라, 마녀 같은 괴수 아니면 공룡 모형처럼 일본에서는 좀처럼 볼 수 없는 외국산 조립식 모델을 들여와 팔고 있었다.

그날 이후, 나는 이 컬트적인 세계에 매료되어 매일 가게를 들락거리다 급기야 가게 2층에 있는 공방에 틀어박혀 조립식 장난감 만들기에 몰두하는 나날을 보냈다.

특히 그 당시 내가 좋아했던 모델은 미국의 전설적인 조립식 장난감 메이커인 '오로라사'의 공룡이었다.

오로라사는 1950년대에 문을 연 조립식 장난감 메이커로, 전쟁 무기부터 각종 캐릭터나 동물 모형까지 폭넓게 제조했다. 그

중에서도 공룡 시리즈가 훌륭한데 역동적인 형태와 큼지막한 크기에서 기존 조립식 장난감의 틀을 깨는 박력이 느껴졌다.

다만 누가 엉성한 미국 제품 아니랄까봐 부품끼리 어긋나기 일쑤였다. 부품과 부품의 접합부는 늘 틀어지거나 큰 틈새가 생겼다. 마치 그 틈을 전용 접합제로 메꿔 형태를 다잡고 접합부가 눈에 띄지 않게 마무리하는 것이 제작자의 실력이라는 듯, 만드는 사람으로 하여금 보람을 느끼게 하는 제품이 그곳에는 가득했다. 참고로 오로라사는 1977년에 문을 닫았지만, 여전히 다수의 마니아 팬을 거느리고 있다.

이 오로라사의 공룡 조립을 완성하면 이제부터는 상상력을 더해 색을 입힐 차례다.

단순히 붓으로 전용 물감을 치덕치덕 바르는 게 아니라 에어브러시를 이용해 색의 농담(濃淡)이나 윤기 등을 조절하면서 입체감이 드러나도록 색을 입혀야 한다. 그야말로 공룡 모형을 캔버스 삼아 진행하는 일종의 예술 작업이다. 이 모든 기술을 나는 '프랑켄'이라는 스승에게 배웠다.

이렇게 초등학생 때부터 중학생 시절까지 나는 생물 사육과 조립식 장난감 제작이라는 마니아적인 취미에 흠뻑 빠져 지냈다. 마니아라고는 해도 당시 아이들, 특히 남자아이에게 곤충 채집이나 조립식 장난감은 거의 필수 덕목이었기 때문에 이 두

가지를 제패한 나는 나름 친구들 사이에서 존경의 대상이었다. 그래서 종종 친구들한테 내 기술을 가르쳐주기도 했다.

하지만 공부는 영 꽝이었다. 더 정확히 말하면 초등학생 때는 공부를 전혀 좋아하지 않았다. 총 5등급으로 나뉘는 평가에서 1이라는, 요즘에는 있을 수 없는 등급을 받은 과목도 있었다. 학기 말에 통지표를 받으면 집에 가서 부모님께 보여드려야 하는데도 그날만큼은 곧장 집에 가지 않고 딴 길로 새고는 했다. 어떻게든 부모님께 혼나는 시간을 줄여보려는 나의 어설픈 노력이었다.

그래도 중학교 2학년 하반기가 되자, 스멀스멀 앞날에 대한 현실적인 불안감이 올라오면서 조금씩 책상에 앉아 있는 시간도 늘어나더니 마침내 사육이나 조립식 장난감과도 조금씩 멀어지게 되었다.

중학교 3학년이 되자 본격적으로 수험 공부에 매진했고 나름대로 성적도 올라서 도야마현에서도 우수한 부류에 속하는 고등학교에 어찌어찌 들어갈 수 있었다.

산악부원으로 보낸 고교 시절, '비뚤어진 우등생'

고등학교에 입학하면서 그간 푹 빠져 지냈던 오타쿠 문화에서 벗어나 산악부에 들어갔다.

당시에도 산악부가 있는 고등학교는 드물었기 때문에 처음에는 신기한 마음에 가입했다. 다행히 나는 도야마 출신이라 일본의 북알프스라 불리는 히다산맥은 홈그라운드나 다름없었고, 여름철이면 히다산맥 등반을 목표로 주말마다 인근 산에 오르며 훈련을 계속했다. 당시에는 등산 장비도 지금처럼 가벼운 소재가 별로 없어서 배낭은 물론 텐트와 취사용 버너 등 하나같이 너무나 무거웠다.

게다가 우리 학교 산악부는 반더포겔(Wandervogel)* 같은 등산 경기를 지향했던 데다, 전국 고교 체육대회에 나가 산행 속도와 텐트 치는 기술을 겨루기도 했다. 당연히 경치를 즐길 여유는 없었다. 산을 뛰어서 오르다니, 이제는 있을 수 없는 일이다.

평소 훈련도 혹독했다. 개인 짐에다 수박 한 통을 더 얹고 산을 오르거나 1.8리터짜리 물병을 지고 오르기도 했다. 하이킹이나 할 생각으로 가입했다가 된통 당한 것이다.

그래도 현실 세계를 떠나 산 정상에 서는 것은 최고의 일탈이었고 무엇과도 견줄 수 없는 성취감을 안겨주었다. 텐트에서 친구들과 시시콜콜한 이야기로 밤을 지새우는 것도 정말 즐거웠다. 다만 산악부라 부원 중에 여자가 한 명도 없었던 건 지금

---

* 1896년부터 1933년까지 독일에서 행해진 청소년 집단 도보 운동 및 그 집단. 이들은 자연주의를 바탕으로 허약한 도시 청소년을 대자연 속으로 끌어내어 몸과 마음을 단련케 하는 데 목적을 두었다.-역주

생각해도 좀 쓸쓸하다(웃음).

반면 현실 속 고교 생활은 공부에 쫓기는 나날의 연속이었다. 특히 과학이나 수학처럼 이과에 특화된 수험 대비반이었던 탓에 수업 커리큘럼이 엄청 빡빡해서 따라가기가 힘들었다.

나는 나름대로 성적은 좋은 편이었지만 결코 모범생은 아니었다. 일례로 여름 방학 숙제로 용돈벌이를 한 적이 있다. 방학 동안 영어 원서를 한 권 독파하라는 과제가 있었는데 개학 직후 치르는 시험에 원서 내용이 출제된다고 하니 다들 좋든 싫든 무조건 읽어야만 했다. 그래서 나는 여름 방학이 시작되기 전, 각 반에서 영어 잘하는 애들을 모아 돈을 주고는 조금씩 범위를 나눠 번역을 부탁했다.

그렇게 완성된 원고를 모아 책자를 만들어 한 권에 500엔씩 받고 방학 전에 팔았다. 당연히 책자는 날개 돋친 듯 팔렸다. 내 인생의 첫 베스트셀러였던 셈이다(웃음). 모은 돈은 번역을 도와준 친구들에게 맛있는 음식을 대접하는 데 썼다.

그뿐이 아니다. 당시 나는 후지TV에서 방영하는 〈우리들은 익살꾼〉이라는 코미디 프로그램의 열혈 시청자라 매주 챙겨보고는 했는데, 주말 산행으로 부득이 방송을 놓칠 때가 있었다. 이에 당시만 해도 고가였던 VCR*을 사겠다며 겨울방학 때 다

---

* Video Cassette Recorder: 비디오 재생 겸 녹화 장치-역주

이에* 선물 코너에서 아르바이트를 하기도 했다.

우리 학교는 아르바이트를 금지했기 때문에 면접도 몰래 봤고 매장에서 학교 이름도 말하지 않았다. 다른 아르바이트생은 모두 대학생이었는데 특히 여대생들과 친해져 데이트를 한 적도 있다(웃음). 이렇게 재밌는 일만 있었던 건 아니고, 접객이나 상품 관리, 근무 태도에 관해서는 엄격한 지도를 받아야 했다. 어떤 의미에서는 귀중한 체험이었다고 생각한다.

그렇게 모은 돈으로 마침내 염원하던 VCR을 샀다. 아무래도 고등학생이라 기대한 것은 단 하나, 남들이 말하는 야릇한 비디오테이프를 구해 밤마다 친구를 불러서 몰래 감상하는 것이었다. 촌뜨기 남학생다운 귀여운 발상이었다 싶다. 그래도 그런 비디오를 보는 게 신선하고 자극적이기는 했던지 다들 허리를 꼿꼿이 세우고 앉아 말 그대로 '마른침을 삼키며' 넋을 잃고 봤더랬다.

또 하나 기억에 남는 건 학교 축제 때 반에서 문집을 만든 일이었다. 특집 코너로 토론 프로 〈아침까지 생방송〉 풍의 좌담회를 열어 선생님들 수업 방식을 철저하게 비평, 비판하고 그 내용을 문집에 실은 적이 있다. 글을 읽은 교사는 당연히 노발대발했지만, 나는 '허를 찔렸으니 그럴 수밖에'라며 무덤덤하게

* 일본의 대형 슈퍼마켓-역주

행동했던 탓에 더 심하게 야단을 맞았다.

이렇게 나는 이른바 문제아 부류에 속하는 학생이었으나, 성적만은 떨어뜨리지 않으려고 최선을 다해 공부했다. 교칙에서 벗어난 짓을 하는 이상, 성적만이라도 주위에서 싫은 소리가 나오지 않게 해야 한다는 내 나름의 고집이 있었다. 한번은 학부모 면담 때, 어머니가 선생님한테 "댁의 아드님 행실을 다른 애들이 보고 배울까 걱정입니다"라는 소리를 듣기도 했단다. 분명 선생님들이 보기에 나란 아이는 참 다루기 힘들고 성가신 학생이었을 것이다. 결코 독자에게 따라 해보라고 권할 수는 없는 짓을 많이 하긴 했어도, 성인이 된 지금 생각해도 나의 학창 시절은 정말 즐거웠다.

영화 '죠스'가 선사한 감격! 영화감독을 꿈꾸다

지금은 이렇게 책도 써서 내지만, 정작 나는 책을 전혀 읽지 않는 사람이다. 특히 소설 종류는 거의 읽지 않는다. 많은 곤충학자가 바이블이라고 칭하는 『파브르 곤충기』도 어릴 적 도서관에서 잠깐 훑어봤을 뿐, 하나도 마음에 와닿지 않아 결국 끝까지 다 읽지는 못했다(웃음).

고등학생 시절 과제로 읽었던 나쓰메 소세키(夏目漱石, 1867~

1916)의 『마음』도 뭐가 명작이라는 건지 전혀 이해가 가지 않았다. 얼룩진 삼각관계를 그린 실연 이야기로밖에 보이지 않아서, '이걸로 독후감을 어떻게 써.' 하며 투덜거렸다. 나와는 정반대로 내 어머니는 독서를 상당히 좋아하는 분이라 종종 생일 때 문고본을 잔뜩 사다 주시고는 했지만, 대부분 손도 대지 않아 평소에는 늘 책장에 꽂혀만 있었다. 나중에 여동생이 읽은 모양이지만…….

어쨌든 글자로 된 이야기를 쫓는 것에 전혀 관심이 없는 인간이었던지라 지금도 종종 잘못된 단어를 써서 연구실 스태프한테 "그 단어는 그럴 때 쓰는 게 아닌데요." 하며 지적을 받는 신세다.

하지만 그런 나도 영상물로 만든 작품, 즉 영화, 특히 외국 영화를 굉장히 좋아했다.

초등학생 때나 중학생 때는 문부과학성이 지정한 추천 영화를 볼 때만 영화관에 갈 수 있었는데, 다행히 우리 집에서는 어머니나 친척분이 종종 외국 영화를 볼 때 나를 데려가주셨다.

그렇게 만난 충격적인 작품이 초등학교 5학년쯤에 본 스티븐 스필버그 감독의 〈죠스〉였다. 흡입력 넘치는 영상에 나는 속절없이 빠져들었고, 급기야 학교 수업을 빼먹으면서까지 몇 번이고 영화관을 다시 찾았다.

그 후, 나는 완전히 외국 영화에 빠져들었고 초등학교 고학년 때부터는 조립식 장난감 만들기와 더불어 외화 감상이 나의 주된 취미가 되었다. 매달 영화잡지 《로드쇼(ROADSHOW)》나 《키네마 준보(キネマ旬報)》를 사 모으며 할리우드의 신작 정보를 찾아보고, 해외 스타가 실린 멋진 포스터에 흥분했다. 당시 친구들 사이에서는 마쓰다 세이코나 나카모리 아키나 같은 아이돌이 유행이었는데, 나만 유독 재클린 비셋(Jacqueline Bisset)*이나 파라 포셋(Farrah Fawcett, 1947~2009)** 같은 외국 여배우에 빠져 있었으니, 애들과 대화가 통할 리 만무했다.

〈죠스〉로 충격을 받고부터 나는 스필버그 감독에 심취해 그의 작품이라면 닥치는 대로 찾아봤다. 특히 중학생 때 본 〈미지와의 조우(Close Encounters of the Third Kind)〉는 죠스 이상으로 정말 좋아하게 된 작품으로, 몇 번을 거듭 보며 대사까지 받아적을 정도였다.

스필버그가 〈죠스〉를 촬영한 것이 스물일곱 살, 〈미지와의 조우〉가 서른 살이었을 때다. 그 젊은 나이에 세계를 뒤흔든 작품을 찍다니, 그저 대단하다는 말밖에 나오지 않는다. 그 재능이 그저 부럽고 존경스러웠다.

스필버그 말고도 조지 루카스(George Lucas)나 프란시스 포드

---

* 1970년대를 풍미한 영국 출신 배우-역주
** 미국 배우로 TV 시리즈 〈미녀 삼총사〉에서 탐정 역을 맡으며 유명해졌다.-역주

코폴라(Francis Ford Coppola) 등 당대를 풍미했던 감독의 작품도 찾아보며 각각의 작품을 분석하기도 했다. 그렇게 중학생 시절, 나는 영화감독을 꿈꾸었다.

하지만 고등학교에 올라가면서 영화감독은 내 안에서 '비현실적인 꿈'이 되었고, '공부하고 대학 나와서 평범하게 취직이나 해야지'라는 식의 보잘것없고 현실적인 목표에 자리를 내주어야 했다.

이윽고 고등학교 3학년 수험 생활이 시작되면서 나는 도쿄대와 교토대 중 어느 곳을 응시할지 진지하게 고민했다. 당시 도야마현의 진학교*끼리는 도쿄대 합격자 수로 진학률을 겨루고 있었고, 내가 다니던 고등학교도 도쿄대에 응시하길 권했다.

이에 나는 빨강 책이라 불리는 대학별 입시전형 분석서나 학습지에 실린 해설과 '선배들의 소리'라는 코너를 읽으며 나름대로 두 대학을 분석했다. 도쿄대는 커리큘럼이 엄격하고 빡빡한 전형적인 엘리트 코스 느낌이 강해 적응이 힘들 것 같았다. 반대로 자유로운 분위기가 독특한 학교라고 평가받는 교토대의 매력에 마음이 기울었다.

하지만 또 다른 고민거리에 잠시 결심이 흔들렸다. 다름 아닌 TV 채널과 영화관 개수였다……. 당연한 소리지만 도쿄에

---

* 대학 진학에 중점을 두는 학교-역주

는 모든 주요 방송국이 다 모여 있다. 거기다 대형 영화관도 많다. 영화를 좋아하는 내게는 뿌리치기 힘든 환경이다. 하지만 교토에 나오는 TV 채널이라고는 지역방송인 KBS 교토(Kyoto Broadcasting System Company Limited)뿐이다. 영화관 개수에서도 도쿄에 전혀 비할 바가 못 된다. 이건 심히 고민스러운 문제였다. 다행히 교토에서도 오사카에서 송출되는 방송을 볼 수 있고, 오사카로 나가면 영화관은 얼마든지 있다는 사실을 깨닫고는 안심하고 교토 대학으로 진학하기로 했다.

대학을 정하기에 앞서 또 하나의 고민거리가 바로 학부를 정하는 것이었다. 중학생 때 어렴풋이 품었던 영화감독이라는 꿈을 접은 후로는 이렇다 할 구체적인 장래 희망 없이 공부에만 매달렸다. 그러다 막상 취업까지 내다봐야 하는 진로 문제에 맞닥뜨리자 여간 고민스러운 게 아니었다. 결국 나는 성적을 올려야 한다는 실로 하잘것없는 목적만 바라보며 공부를 해왔던 것이다.

실제로 고등학교에 올라가서 이과를 선택했고, 전공 과목도 초등학생 때부터 그토록 좋아했던 생물이 아니라 물리와 화학을 선택했다. 암기 과목인 생물로는 대입 시험에서 고득점을 노리기 어렵다는 입시 전략상의 이유 때문이었다. 그 전략이 잘 들어맞은 덕에 점수를 올릴 수는 있었다.

그런데 막상 시험이 다가오고 물리와 화학이 쓰이는 연구 분야가 어디인지, 졸업 후 어디로 취직하게 되는지 알아보니 결론은 공학계와 토목계뿐이었다. 내게는 전혀 관심이 없는 분야였다.

그러던 어느 날 TV에서 생명공학의 최전선이라는 주제로 방영된 특집 프로그램을 보고 '아, 저거다!'라는 생각이 머리를 스쳤다.

그 옛날 내가 좋아했던 생물 분야에 공학적 기술이 접목되면서 인간에게 유용한 제품이 개발되고 있다며, 당시 이제 막 개척 중인 분야이기도 했던 유전공학이 소개된 것이다. 나는 이 새로운 세계에 급속히 매료되었고 곧장 이 기술에 도전해보고 싶었다.

결국 교토대 농학부로 응시 범위를 좁혀 시험을 치렀고, 1984년에 입학에 성공했다. 입학할 당시만 해도 유전공학으로 의약품을 만들겠다거나 발효나 양조 분야로 가서 새로운 식품이나 술을 개발하겠다는 장삿속 가득한 꿈을 꾸었더랬다. 하지만 막상 대학 생활이 시작되자, 공부는 뒷전으로 밀렸고 허구한 날 동아리 회식에 나가 놀기 바빴다. 심지어 오토바이에 빠져 중형 면허를 취득하자마자 바로 산악 오토바이를 구해 일본 전역을 떠돌아다니기 시작했다.

당시에는 지금과 달리 남학생들 사이에서 은근히 오토바이가 유행이었다. 여름 방학 때 홋카이도나 규슈에 가면 오토바이 뒤에 짐을 싣고 작은 깃발을 꽂은 채 달리는 라이더를 흔히 볼 수 있었다. 나도 봄, 여름, 가을 할 것 없이 틈만 나면 텐트를 싣고 일본 각지를 돌아다녔는데 끝내는 홋카이도에서 규슈까지, 오키나와를 제외한 전국을 오토바이로 주파했다.

오토바이 전국 일주가 주는 묘미를 꼽자면 달리면서 풍경과 기후, 말투나 음식의 변화를 만끽할 수 있다는 점이다. 그야말로 일본 각지의 지역색을 체감할 수 있었다.

더불어 새삼 일본의 드넓은 영토도 실감할 수 있었다. 특히 당시 홋카이도는 지금처럼 도로가 잘 정비되지 않아 온통 숲길과 자갈길뿐이어서 그야말로 개척지 같은 분위기를 풍겼다.

왓카나이라는 홋카이도 최북단까지 올라가면 제대로 된 캠핑장도 없어서 역 구내에 텐트촌이 형성되기도 했다. 역 앞에 수백 대의 오토바이와 텐트가 줄지어 있어 실로 장관을 이뤘던 기억이 난다. 당시에는 화물 열차에 오토바이를 실어주는 서비스도 있어서 본섬과 홋카이도를 연결하는 페리에도 라이더로 가득했다.

대학교 3학년 하반기까지 오토바이 여행에 빠져 살다 보니 수험 공부로 쌓은 지식은 거의 바닥이 났다. 드디어 4학년을 앞

두고 졸업 논문 주제를 정해야 했던 3학년 끝자락이 돼서야 진드기를 만나게 됐고, 이후 진드기 연구에 몰두하는 나날이 시작되었다.

내가 비디오 가게 점장을!?

대학에 입학하고 3년 동안은 인생에서 가장 큰 자유를 만끽하던 시기였다. 그 시절만 생각하면 지금도 교토대에 가길 잘했다는 생각이 든다.

4학년에 올라가서는 심기일전해 곤충학 연구실에서 진드기 연구에 매진했다. 실험을 거듭할수록 더 깊게 연구하고 싶은 마음이 생겼고, 결국 대학원 진학까지 생각하게 되었다. 그러나 아무래도 대학원까지 가려니 부모님을 포함해 도야마에 계신 친척들의 반발에 부딪힐 수밖에 없었다.

당시에 내 본가는 모자 가정(母子家庭)이어서 대학원 학비까지 부모님께 의존할 수는 없었다. 이에 뭔가 꾸준히 할 만한 아르바이트를 찾다가 시작한 것이 마침 대학 근처에 문을 연 비디오 대여점 아르바이트였다.

그때부터 낮에는 연구실에서 실험하고 저녁부터 밤늦게까지는 비디오 가게에서 일하는 생활이 시작되었다. 그러자 이번에는 접객업에 푹 빠지고 말았다. 매일 손님과 영화 이야기를 나누는 게 얼마나 재밌던지. 거기다 가게에는 교토대가 아닌 타 대학생이나 고등 전문학교* 학생도 근무자로 있어서 활기차고 다양한 동료를 많이 사귈 수 있었다. 매일 밤 아르바이트가 끝나면 함께 술을 마시며 꿈에 관해 얘기하거나 신세 한탄을 했다.

그렇게 즐거운 나날을 보내던 어느 날, 점장이 "사장이 시내에 새로 점포를 연다는데, 고카 군, 점장 해볼 생각 없어? 장사 쪽이 잘 맞아 보이는데." 하며 스카우트 제의를 해왔다. 안 그래도 접객과 점포 운영에 한창 재미를 느끼던 중이라 나는 진지하게 고민했다.

이미 대학원 석사 과정 입학시험도 통과했고, 이제 진학만 남겨둔 시기여서 학교 측 조교에게 주저주저하며 상담을 청했다. 그러자 조교는 난감한 표정으로 "네가 뭐든 못하겠냐만, 여태 공부해놓고 이제 와 비디오 가게 점장은 좀 아니지 않냐"라며 타일렀고, 결국 난 얌전히 대학원에 진학하기로 했다.

만약 그때 비디오 가게 점장이 됐다면 지금쯤 나는 어떤 인생을 살고 있을까 하고 가끔 생각할 때도 있다.

석사 과정 진학 후에는 학위를 받기 위해 진지하게 공부에 몰두했다. 당시 진드기 학계에서는 선진적이었던 진드기 유전

---

* 일본의 독자적인 교육기관으로, 사회에서 필요로 하는 기술자를 육성하고자 15세부터 입학할 수 있는 5년제 고등 교육기관-역주

학을 연구 주제로 삼아 학회에서도 주목받는 성과를 거두었다. 이참에 박사 과정까지 밟아 학위를 따라고 권유하는 연구실 조교나 선배도 있었다.

하지만 더 이상의 진학은 역시 망설여졌다. 내가 대학원에 다니던 1988년부터 1990년은 경기가 한창 과열됐던 시기로, 대학 동기나 고등학교 동창들은 모두 학부를 졸업해 회사에 들어갔고, 두둑한 월급을 받으며 직장 생활을 하는 친구도 많았다.

박사 학위를 따려면 대학원에 3년 더 머물러야 하는데, 그러면 학비도 들고 사회에 나가는 시기도 더 늦어진다……. 당시 연구실에는 박사 학위를 따고서도 직장을 잡지 못해 오버 닥터(over doctor)로 연구실에 머물러 있는 선배가 여럿 있었다.

그들의 존재는 아무리 호황이어도 대학이나 연구소에 빈자리가 없는 한 어지간히 우수한 인재도 곧바로 취직할 수 없는 게 연구 업계의 현실임을 여실히 깨닫게 해주었다.

'더는 진드기를 순수하게 탐구할 능력도 열정도 없어, 박사 과정은 도저히 안 되겠다.'

그렇게 나는 진학을 단념하고 석사 1년 차가 끝났을 무렵부터 민간기업을 상대로 구직활동을 시작했다. 어엿한 구직용 정장도 마련해 채용 면접에 나갔다.

종합 화학사에 들어가 농약을 개발하다

당시만 해도 일본은 거품 경제가 절정에 달했던 시절이라 취업 자리는 넘쳐났던 데다 면접을 본 회사 대부분에서도 합격 통보를 받았다. 그중 내가 선택한 곳은 일본 최대의 종합 화학사인 우베코산 주식회사(현 우베 주식회사)였다. 이 회사의 농약 연구부에서 새로운 진드기 퇴치제를 개발하고 있다는 소식을 듣고 여기라면 내 전공 지식과 경험을 살려 금세 회사에 일조할 수 있겠다고 생각했다.

우베코산은 이름처럼 야마구치현 우베 시를 거점으로 둔 회사로, 본사와 공장은 물론 연구소도 우베 시에 있다. 원체 여행을 좋아했던 내게는 야마구치현이라는 혼슈 끄트머리에 자리한 이국적 풍광의 근무지도 매력적이었다. 6년간 살았던 교토에도 애착은 있었지만, 좁다란 거리와 북적이는 인파에 좀 싫증이 났던 터라 회사 견학 때 풍요로운 자연 속에 자리한 근무지를 보고 살아보고 싶다는 생각이 들었던 것이다.

실제로 입사 후, 새 오토바이를 한 대 사서 휴일마다 바다로, 산으로 돌며 당일치기 코스를 즐기기도 했다. 무엇보다 교통량이 적어서 한적한 대자연 속을 질주할 때면 정말 기분이 짜릿했다. 여름에 해수욕장에 가도 동해 쪽 해변은 사람이 별로 없어 마치 프라이빗 비치 같았다. 거기다 물도 그 어느 해변보다 깨끗해서 스노클링도 마음껏 즐길 수 있었다.

회사 일도 새롭고 재밌었다. 원래 우베코산은 종합 화학사로 농약 사업부는 거품 경제가 한창일 때 신설된 신규 사업부였다. 사업 자체가 막 시작하는 단계이다 보니 나 같은 햇병아리 신입 사원도 농약 개발을 하나서부터 열까지 다 배워가며 모든 업무를 스스로 진행할 수 있었다.

농약 개발은 우선 약품 디자인(신약의 구조식 제안)으로 시작해 조성된 화합물을 합성하고, 실내 살충 시험과 포장(圃場)* 수준의 살충 시험을 거쳐 상품화에 이른다. 나는 이 일련의 개발 과정에 참여하면서 더불어 학회나 농가를 대상으로 설명회를 여는 등 자사 제품을 홍보하는 영업 업무도 맡았다.

결론적으로 농약 개발 공정의 전반을 익힌 것은 매우 귀중한 경력이 되었다.

대학에도 농약 과학이란 강의가 있기는 하나, 어떤 구조식의 화합물이 어떤 생리작용으로 효과를 거두는지, 어떤 식으로 화합물 구조를 바꿔야 살충효과가 높아지는지, 각 약제가 생태계나 인체에 미치는 위험은 무엇인지 등 농약에 관한 지식과 실전 기술을 배울 수 있는 곳은 현장밖에 없다.

---

* 논과 밭을 말한다.-역주

보통의 회사 같으면 이런 식으로 한 직원이 약제 개발 전반에 관여하는 일은 별로 없다. 큰 기업에서는 업무가 세세하게 나뉘어 각 공정에 배치된 사원이 같은 루틴의 작업을 반복하며 이른바 기업의 부품처럼 일하는 것이 일반적이다. 그래야 대량의 화합물을 테스트할 수 있기 때문이다.

하지만 우리 회사의 농약 사업부는 생긴 지 얼마 되지 않아 규모가 작기도 했고 소수 인원으로 개발을 진행해야 했던 터라 연구원 한 사람이 담당 약제를 개발부터 시작해 상품화까지 담당하고 사후 관리도 하는, 어찌 보면 영세 공장 같은 시스템과 분위기로 운영됐다.

단 농약을 상품화한다는 건 결코 쉬운 일이 아니다. 더욱이 효과가 높은 신약을 발견한다는 건 복권 당첨이나 다를 바 없을 만큼 확률이 매우 낮다. 운 좋게 그런 약제를 찾았다 해도 곧바로 다른 회사가 특허를 보고 비슷한 화합물을 개발한다. 좁은 시장을 놓고 업체 간에 늘 치열한 경쟁이 벌어지는 곳이다.

우연히도 내가 입사하자마자 효과가 뛰어난 진드기 퇴치제가 발견되어 개발을 맡은 적이 있다. 이 약은 이전의 살충제나 진드기 퇴치제와는 전혀 다른 생리작용을 보이며 기존 약제의 10분의 1 농도로도 살충효과를 발휘하는 매우 우수한 약제였다. 농림수산성이 인증한 공공 시험기관에서 실시하는 테스트에서도 아주 좋은 평가를 받았다. 당시 진드기류는 약제 저항성이 문제였기 때문에 이 신약에 거는 기대는 컸다.

단 이 약은 미토콘드리아(mitochondria)라는 세포 내에서 호흡을 담당하는 기관의 효소 작용을 중단함으로써 세포가 호흡을 멈추고 최종적으로 죽음에 이르게 하는, 한마디로 세포의 숨통을 끊는 생리작용으로 진드기를 퇴치한다. 문제는 모든 생물에는 공통으로 호흡계 효소가 있다는 점이다. 즉 이 약은 진드기 외에 다른 동물에게도 해를 끼칠 위험이 컸던 것이다.

실제 독성시험 결과, 포유류나 어류에도 강한 독성을 띠는 것이 판명되었다. 농림수산성에 등록하기 위해 독성을 완화한 제제 처방을 다시 개발하기까지는 시간이 걸렸다. 게다가 농약 개발 이력이 짧아 관공서 요구에 우왕좌왕하며 시간을 잡아먹는 사이, 다른 회사에서도 우리 회사의 특허를 참고해 같은 생리작용을 지닌 신약 개발을 진행하는 바람에 몇몇 회사에 판매처를 빼앗기고 말았다. 대기업은 막강한 판매력을 무기로 순식간에 전국의 농촌 지역 판로를 장악했다.

결과적으로 우리 제품은 출시 지연으로 시장 진입이 어렵게 됐을 뿐 아니라 제품 수명도 줄어들 위기에 처했다. 무슨 소리냐면 먼저 출시된 제품이 대대적으로 쓰여서 진드기가 그 약제에 저항성을 띠게 되면 같은 작용으로 진드기를 퇴치하는 우리 회사 제품도 듣지 않게 된다는 것이다. 이러한 현상을 약제의 교차 저항성이라고 한다.

　판매하기도 전부터 잎 진드기에 저항성이 생긴다면 우리 회사는 본전도 찾기 힘들다. 나는 일본 전역을 돌며 과수원과 밭에서 잎 진드기를 채집해 약제 감수성을 조사했다. 그 결과 잎 진드기는 대체로 선행 제품에는 약간의 저항성을 보였으나, 자사 제품에는 아직 저항성을 띠지 않아 이 정도라면 판매해도 괜찮겠다는 생각이 들었다. 그런데 유독 한 군데서만 자사 제품에도 끄떡없는 초(超) 저항성을 띠는 진드기 집단이 존재한다는 사실이 밝혀졌다. 그곳은 바로 우리 회사가 자리한 야마구치현의 과수원이었다.

　나는 서둘러 야마구치에 서식하는 잎 진드기 계통을 사육해 약제 저항성 메커니즘을 조사했다. 그 결과 이곳 진드기는 유전자 변이로 모든 약제를 분해하는 능력을 갖춘 계통이라는 점, 현재 시판 중인 퇴치제든 자사 퇴치제든 이 진드기 계통이 분비하는 효소로 다 분해된다는 점, 그리고 이 유전자는 교배를 통해 손쉽게 다른 집단으로 퍼진다는 점이 밝혀졌다.

　자사 제품도 포함해 어떤 진드기 퇴치제도 소용없는 잎 진드기가 나타난 것이다……. 이 저항성 유전자는 언젠가 전국으로 퍼질 것이다. 그러면 모든 지역에서 자사의 진드기 퇴치제는 소용없게 된다. 그리고 이 모든 과정은 상당히 빠른 속도로 진행될 것이다. 나는 황급히 연구 결과를 회사에 보고했다. 얼마 못가 효과가 사라질 약제를 시장에 내놓는 건 회사로서 해서는 안된다는 생각에 보고 회의 때도 건의했지만, 회사는 이미 개발한 약제를 단 한 군데에서 발견된 저항성 진드기 때문에 포기할 수없다며 예정대로 신제품 판매를 강행하기로 했다. 동시에 나한테는 이 연구 결과를 발설하지 말라는 명령이 떨어졌다.

그제야 나는 기업이라는 영리 조직에서 추진하는 연구의 한계를 뼈저리게 깨달았다. 회사의 이익 앞에서는 과학적 사실이 왜곡되거나 은폐될 우려가 있다는 사실에 연구자로서 위기감을 느꼈다.

지금까지 10년 가까운 개발 기간과 비용을 들였으니, 조금이라도 투자금을 회수하겠다는 회사의 판단도 이해는 간다. 나도 판매를 전면 중단하자는 게 아니라 약제 저항성 유전자가 아직 퍼지지 않은 지역에 한정해 사용하면 아직 효과도 볼 수 있고 어느 정도 수익도 올릴 수 있으니, 따라서 세밀한 모니터링이 우선 중요하다고 제안했다.

그러나 결국 내 의견은 통하지 않았고, 그 신제품은 전국에 대대적으로 판매되었다. 이미 효과를 기대할 수 없는 야마구치 현에서도…….

과학자가 해서는 안 되는 일

자사의 퇴치제가 출시된 지 얼마 되지 않은 어느 여름날, 잎진드기 채집을 허락해주었던 야마구치현의 과수원에 다시 인사도 드릴 겸 놀러 간 적이 있다. 당시 땀을 뻘뻘 흘리며 농약을 뿌리던 농장 주인이 "무슨 약을 뿌려도 진드기가 줄지를 않아. 그쪽 회사 제품도 쓰고는 있는데 전혀 들질 않거든. 왜 이러지?" 하고 물어왔다.

대답할 말이 궁해진 나는 더 이상 참지 못하고 사실대로 털어놓고 말았다.

"이곳 농원에 생기는 진드기는 저항성이 매우 강해서 당사 제품도 듣지 않을 겁니다."

그 말을 듣자마자 농장주는 "효과도 없는 걸 팔면 어쩌자는 거야!!" 하고 고함을 지르며 내게 불같이 화를 냈다……. 화를 안 내는 게 오히려 이상한 일이다.

농업 생산자에게 농장은 자신의 생계가 걸린 곳이다. 당연히 해충이 생기면 철저한 방제 작업으로 작물을 보호하는 게 순서다. 그래서 돈도 들여 농약도 구매하고 이 더운 날씨에 땀을 폭포수처럼 흘리며 살포하는 게 아니겠나.

농장주가 한 말은 내 가슴에 비수처럼 꽂혔다.

"과학자가 그런 일을 해서는 안 되지……."

나는 내 잘못을 뼈저리게 깨닫고는 거듭 반성하며 그저 농장주를 향해 고개를 숙였다.

이 일을 계기로 나는 굳게 마음먹었다.

'진실한 연구자로 살자. 얻은 결과는 정확하게 일본과 세계에 알리고, 새로운 과학 지식과 기술을 개발해 공정하게 인정받고 사회에 도움이 되는 일을 하자.'

그리고 그런 뜻을 이루려면 박사 학위를 따서 학술 연구를 하는 공공 기관으로 옮기는 수밖에 없겠다는 생각이 들었다.

나는 휴가를 내고 상담 차 나의 옛 보금자리였던 교토 대학 곤충학 연구실을 찾았다. 담당 교수님께 학술 논문을 써서 박사 학위를 받고 싶다고 말씀드렸다. 교수님은 석사 논문이 비교적 잘 정리된 편이라 앞으로 2년만 더 열심히 연구해서 데이터를 모으면 석사 논문 데이터와 합쳐 박사 논문도 완성할 수 있을 거라고 말씀해주셨다.

그 후 2년 동안 나는 상사의 허락을 얻어 오후 5시 이후 실험실에서 박사 논문을 위한 실험을 진행했다. 5시 이후라고 해도 실제로 업무가 끝나는 시간은 오후 6시에서 7시쯤이었기 때문에 그때부터 밤늦도록 실험에 몰두하는 날이 이어졌다.

심할 때는 침낭까지 가져와서 회사에서 밤을 지새운 적도 있다. 어쨌든 필사적으로 데이터를 모으고 논문을 썼다. 당시 키가 177센티미터인 내 몸무게는 50킬로그램대까지 떨어졌다……. 지금도 그때가 내 인생에서 유독 고된 시기였다는 생각에는 변함이 없다. 하지만 그런 가혹한 상황 속에서 직장 동료와 친구들이 보내준 지지와 응원은 인생의 소중한 보물이 되었다.

이렇게 지옥 같은 2년을 보내며 가까스로 논문을 마무리하고 무사히 교토 대학 박사 학위를 취득했다. 그리고 다시 구직 활동을 시작해 대학 쪽에서 자리가 날 때마다 닥치는 대로 응모했다. 그러나 결과는 모두 불합격이었다.

기업에서 대학으로 이직한다는 건 결코 쉬운 일이 아니었다.

그러던 어느 날 예전에 학회에서 함께 술자리를 가졌던 선생님께 연락이 왔다. 국립 환경 연구소에서 모집 공고가 났다며 추천장은 자신이 써줄 테니 응모해보라는 것이었다. 선생님의 제안에 당시 나는 뭐 하는 연구소인지도 모른 채 지푸라기라도 잡는 심정으로 지원했다.

마침 그곳은 농약 등 화학물질이 지닌 생태적 위험성을 연구할 인재를 구하고 있었다. 나는 민간기업의 농약 연구 부문에서 근무했던 이력을 인정받아 가까스로 국립 환경 연구소에 취직할 수 있었다.

내 박사 논문 주제는 '잎 진드기의 유전적 다양성'이었다. 우베코산에서 연구를 진행하며 진드기 학자로서 새삼 주목하게 된 것이 진드기라는 생물의 생명력이었다. 불과 몇 년이면 약제에 저항성을 띠는 진드기의 진화 속도는 정말 놀랍기 짝이 없었다. 그리고 이 강력한 적응력은 진드기라는 생물이 갖춘 유전자 다양성에서 비롯된 것이었다.

　이렇듯 뜻하지 않게 나는 생물 다양성이라는 개념을 잎 진드기의 약제 저항성에서 배웠다. 대학 시절, 진드기 연구에 집중했던 것이 결국 나를 생물 다양성 연구자의 길로 인도한 것이다.

　그리고 민간기업에서 일한 경험 덕에 연구 활동에는 비용이 든다는 걸 인식하게 되었고, 더불어 과학자가 지녀야 할 사회적 책임감에 대해서도 깊이 배울 수 있었다. 무엇보다 진드기 퇴치제 개발을 계기로 과학자는 절대 진실을 왜곡해서는 안 된다는 점을 통감했다.

　우베코산의 진드기 퇴치제는 이후에도 계속 판매됐지만, 예상대로 전국에서 저항성을 띠는 진드기가 발생했다는 보고가 나온 후 1년도 못 가 판매가 중단됐다. 최종적으로는 원료 회수라는 조치까지 취해져 회사는 큰 손실을 떠안았고, 결국 농약 연구 사업부도 사라졌다……. 내가 회사를 떠난 지 3년쯤 후의 일이었다.

대기업에서 만든 샴푸 때문에 척추가 휜다고!?

국립 환경 연구소에 들어가 맨 처음 맡은 업무는 수생생물에 영향을 미치는 여러 화학물질의 독성에 관한 실험이었다. 물벼룩이나 송사리 등 시험용 생물을 이용해 화학물질의 악영향을 시험했는데, 이 연구로 나는 뜻하지 않게 언론의 주목을 받는 데이터를 발표하게 된다.

과거 농약 개발에 참여한 경험 덕에 농약, 특히 살충제 대부분이 수생 동물에게도 많든 적든 영향을 미친다는 사실은 내겐 상식이나 마찬가지였다. 자연히 일상에서 생활 배수로 배출되는 샴푸나 가정용 세제에 함유된 성분의 생태적 위험성에 관심이 갔다.

조사해보니 샴푸나 가정용 세제의 위험 관리는 후생노동성 관할이라 그런지 이런 제품에 관한 환경 영향 데이터가 매우 부족한 상황이었다. 이에 연구실 사람들에게 각자 집에 있는 샴푸나 세제를 샘플 병에 담아와달라고 부탁했고, 모인 제품으로 독성시험을 진행해보기로 했다.

시험 방법은 샴푸 등을 소량 녹인 물에 제브라피쉬(Zebrafish) 라는 작은 관상어(觀賞魚)* 알을 넣고 사육하면서 정상적으로 배아가 발육하고 부화하는지 관찰해 샴푸 성분이 생물에 미치는 영향을 조사하는 것이었다. 이런 방법을 '배아 발육 독성시험' 이라고 하는데, 감수성이 특히나 높은 배아의 발육 과정을 관찰함으로써 화합물의 독성을 정확하게 알아볼 수 있다.

이 방법으로 연구소 사람들이 모아준 샴푸와 세제가 물고기의 배아 발육에 미치는 영향을 조사했다. 그러자 비듬과 가려움증을 억제하는 샴푸를 10만~100만 배까지 희석한 물에 담근 제브라피쉬의 알에서 흐물흐물하게 등뼈가 굽은 치어가 태어난 것이 관찰되었다.

이렇게 강한 최기형성(催奇形性)**이 나타날 줄은 생각지도 못했던 터라 정말 충격이었다. 곧바로 기형을 일으킨 샴푸의 성분표를 살펴보니 하나같이 '징크피리치온(Zinc Pyrithione)'이라는 성분이 함유되어 있다는 사실을 알게 되었고, 원료를 입수해 똑같은 시험을 반복한 결과, 샴푸 시험과 마찬가지로 최기형성이 나타나는 것을 확인하고는 이를 원인 물질로 특정했다.

게다가 반수영향농도(EC50)***도 5ppb로 상당히 높아서 현

---

* 수생생물 중, 보고 즐기는 것을 목적으로 일정한 공간에서 사육하는 생물-역주
** 태아에 작용하여 기형이 되게 하는 성질-역주
*** Effective Concentration 50%: 일정 시험 기간에 시험 대상 생물의 50%에 기형을 일으키는 독성 물질 농도-역주

재 사용되는 농약보다 독성이 강한 부류의 약품인 것으로 나타났다.

일상에서 쓰는 제품 중에 이렇게나 환경 독성이 강한 물질이 포함되어 있을 줄은 여태껏 몰랐기 때문에 환경 과학 관점에서도 향후 주목해야 할 위험이라고 생각해 나는 이 결과를 곧바로 논문으로 정리해서 학회에 발표했다.

샴푸 때문에 물고기 등뼈가 휘었다는 내용은 역시나 학계에 강한 충격을 던져주었고, 발표회장에 언론사 취재진이 대거 몰려들더니 다음 날 각종 신문에 기사가 실렸다. 개인적으로는 미디어에 첫발을 내딛게 해준 연구 성과였다.

내 발표가 그렇게까지 세상을 떠들썩하게 할 줄은 예상치 못했던 터라 당시 나는 적잖이 당황했다. 그런데 그런 나를 더욱 경악하게 만드는 사건이 벌어졌다. 그 샴푸의 제조와 판매를 맡은 회사의 연구 개발원이 무턱대고 내 연구실로 찾아와 "안 팔리면 당신이 책임질 거야!?"라며 고함을 지른 것이었다.

정말 황당했다. 책임이라니. 그건 과학적 데이터를 바탕으로 있는 그대로 작성한 과학 논문을, 그것도 국제 학술지에 실린 논문의 과학적 데이터를 철회하라는 소리나 다를 바 없었다. 누가 뭐래도 연구자라면 절대 받아들일 수 없는 요구였다.

나는 "어쨌든 반론이 있으면 정식으로 반론 데이터를 정리

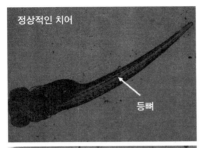

정상적인 치어

등뼈

비듬 방지 샴푸를 1만 배 희석한 용액에
노출된 알에서 부화한 치어

등뼈

Goka(1998) Environmental Research에서 발췌

해 학회에 발표해달라"고 맞서며 돌아가달라고 했다. 아무리 그래도 연구실까지 찾아오다니……. 나중에 알게 된 사실이지만, 그 샴푸는 당시 집마다 한 개씩은 다 갖고 있을 만큼 많이 팔린 초대박 상품인데다, 심지어 '징크피리치온 배합'을 광고 문구로 내세우고 있었다. 그런데 그 징크피리치온이 환경에 유해하다고 했으니, 상품 이미지에 타격을 입은 회사에서 발끈하고 나오는 것도 무리는 아니었다.

이 일로 나는 환경 과학이 사회에 어떤 파장을 미치는지 여실히 깨달았다. 따라서 어떤 환경문제든 확고한 과학적 데이터를 확보하는 것과 이를 전문성이 공인된 학술 논문 형태로 발표하는 것이 중요하다는 사실을 다시 한 번 유념하게 되었다.

그 후 10년도 더 지난 2010년에 마침내 그 샴푸를 만든 회사 관계자들이 사과하기 위해 우리 연구실을 찾아왔다. 자사 시험에서도 등뼈가 휘는 기형이 확인되었다면서 더 이상 해당 상품에는 징크피리치온을 넣지 않는다고 했다. 거기다 공중위생이 좋아져 매일 샤워하는 것이 일상이 된 지금은 굳이 이 화합물을 넣을 필요가 없다는 점도 배합을 중단하게 된 큰 이유 중 하나였다.

이 샴푸가 출시된 것은 1970년대다. 아직 각 가정에 욕실이 갖춰져 있는 비율이 낮아 일주일에 몇 번씩 목욕탕에 가는 생활이 주류였던 당시에는 비듬으로 인한 가려움증으로 고민하는 사람도 많았던 만큼 이 샴푸는 참 유용했을 것이다. 화학물질이 지닌 효과와 부작용을 여실히 보여준 일화이기도 했다.

연구자는 모름지기 논문을 써야

이제는 환경의 세기라는 별칭과 함께 온난화 대책이나 생물 다양성 보전 같은 문제를 연구하는 이들의 활약이 크게 주목받는 시대가 되었다. 그런 추세 속에서 어쩌다 보니 나도 진드기 학자에서 환경 과학 연구자로 성장하게 되었다. 국립 환경 연구소에 들어온 후, 나는 생태 위험, 즉 인간 활동이 생물 다양성에 미치는 영향을 살피고 대책을 개발하는 일을 임무 삼아 연구를 지속해왔다.

최근에는 생물 다양성으로 인한 이변이 반대로 인간 사회에 심각한 위험을 초래하는 문제(이를테면 신종 감염병 등)를 연구하는 프로젝트를 시작했는데, 여기서는 인간 생활에 밀착된 문제를 해결하기 위한 응용 연구를 진행한다.

참고로 국립 환경 연구소는 환경성 예산으로 움직이는 연구소다. 당연히 예산 출처는 국민의 세금이며 국민과 행정에 도움이 되는 성과를 올리는 것이 궁극적인 임무인 이상, 응용 연구에 힘을 쏟는 것은 연구원으로서 당연히 해야 할 일이다.

그런데 응용 연구를 진행하려면 기초 연구에서 도출된 지식과 데이터가 꼭 필요하다.

생물 다양성을 보전하고자 한다면 먼저 유전자, 종, 생태계라는 다양한 수준에서 생물학적 메커니즘을 해명해야 한다. 즉 기초가 있어야 응용도 되는 것이다.

그런 의미에서 보면 내 전공인 진드기학도 지금 하는 환경보전 연구에 중요한 기초가 되는 학문이다.

일례로 현재 조사 중인 중증 열성 혈소판 감소 증후군(Severe fever with thrombocy topenia syndrome, SFTS)은 참진드기(Xodidae)라는 흡혈성 진드기한테 물리면 감염되는 질병이다. 일본에서는 2012년부터 유행하고 있는 이 신종 감염병 확산을 억제하는 것이 우리 연구 목적인데, 그러려면 우선 참진드기의 분류나 생태를 잘 파악해야 한다. 이때 중요한 정보를 제공해주는 것이 다름 아닌 진드기학에서 진행했던 기초 연구 성과다.

애당초 내게 생물 다양성이라는 개념을 일깨워준 것도 진드기 집단의 유전학적 연구였다. 진드기학은 지금의 내가 환경 연구를 진행하는 데 중요한 토대가 되고 있다.

최근에는 불개미가 해외에서 들여오는 컨테이너에 섞여 일본에 유입되고 있다는 사실이 밝혀지면서 불개미의 정착과 분포 확대를 저지하기 위한 대책이 시급히 마련되었다. 그때도 마찬가지로 이 개미의 생태학적 특성과 관계되는 기초 정보가 큰 도움이 되었다. 즉 개미학이라는 기초 연구 성과가 있었기에 불개미 방제 대책과 같은 응용 연구도 가능했던 것이다.

특히 이 불개미 대책을 세울 때는 연구자들이 최신 연구 성과나 지식을 학술 논문으로 발표해준 덕에 과학적 근거를 토대로 행정 기관으로부터 예산을 확보할 수 있었다.

최근 기초과학 재원이 줄어들면서 연구자들 사이에서도 예산 편성이 성과주의로 흐르는 경향이 짙다는 비판의 목소리가 커지고 있다. 기초 연구는 지금 당장 구체적인 해결책이나 사회에 영향을 미치는 성과로 직결되지 않는 경우가 대부분이다. 솔직히 말해 신종 진드기나 진드기의 교미에 관한 새로운 발견 같은 건 지극히 비대중적인 과학 지식으로, 일반 사회에는 아무

도움도 되지 않는다.

그렇지만 이런 지식을 쌓아가면서 과학은 진보하고 발전해 왔다. 성의 돌담을 쌓을 때도 큰 바위틈에 작은 돌을 끼워 넣어야 튼튼한 돌담이 완성된다. 이런 기초가 있어야 훌륭한 성도 지을 수 있는 것이다.

그러나 여기서 중요한 것은 응용 토대가 되는 기초과학 지식도 논문 형태로 쓰여 있어야 활용할 수 있다는 점이다. 그저 말뿐인, 가공의 기초 지식을 바탕으로 한 응용 과학은 한낱 '모래 위에 세운 누각'에 지나지 않는다.

학술 논문은 동료 평가(Peer review)라고 해서 학술지에 게재되기 전에 그 논문 주제에 전문성을 지닌 연구자들이 먼저 읽고 논문의 내용이나 논고의 과학적 타당성을 심사한다.

내용에 미흡한 점이 있으면 수정이나 보충을 요구하고 때에 따라서는 게재 불가 판정을 내리기도 한다. 일반적으로 처음에 쓴 원고가 그대로 승인되는 일은 거의 없다.

논문 작성자는 검토자의 심사 결과에 대해 자기 생각을 관철하고 끝까지 해명하며 맞설 것인지 아니면 검토자의 의견을 받아들여 수정할 것인지 둘 중 하나를 선택해야 한다.

과학이란 진실을 추구하는 활동인 만큼 그 성과물인 논문을 두고 다른 연구자가 보기에 이상하다고 지적한 부분이 있다면 논문 작성자는 그에 대해 명확히 대답할 의무가 있다. 사실 자기 생각이나 글이 부정당하면 괴롭기도 하고 수정에도 시간이 걸리는 데다 무엇보다 영어로 써야 한다. 논문 집필은 그야말로 가시밭길이다.

그러나 논문이 완성되고 세상에 발표되어야 연구의 참맛을 알 수 있다. 거기까지 가야 비로소 연구가 완성되는 것이다. 연구를 완성하는 기쁨을 아는 인간이야말로 진정한 연구자라고 할 수 있다.

지금 일본에는 86만 명이 넘는 연구자가 있다고 한다. 인원수 자체는 타국과 비교해 절대 적지 않다. 다만 최근 들어 발표되는 과학 논문 수가 타국에 비해 줄고 있다는 지적이 나오고 있다.

내가 학생이었을 때는 컴퓨터라고는 연구실에서 공용으로 쓰는 게 전부였고 개인이 소유한다는 건 거의 불가능하던 시절이었다. 당연히 윈도우 기능 같은 건 있지도 않았기 때문에 논문 도표는 대부분 손으로 그려야 했다. 지도를 따고 그래프 톤을 바꾸고…….

마치 만화가 보조처럼 직접 도형이며 그래프를 그렸던 기억이 난다. 인터넷도 없어서 해외 논문을 인용하려면 대학 도서실에 가서 문헌 복사를 신청해야 했는데 사본을 받기까지 빨라도 며칠은 걸릴 정도로 드는 수고와 시간이 만만치 않았다.

그런 시대와 비교하면 지금은 노트북을 들고 다니며 어디서나 인터넷으로 정보를 모을 수 있고, 심지어 작도 소프트웨어를 사용하면 형형색색의 삽화도 손쉽게 만들 수 있어 논문을 쓰기에는 더없이 편리하고 이상적인 환경이다.

그럼에도 논문 수가 늘지 않는 건 근본적으로 논문을 쓸 생각이 없는 연구자가 많아졌다는 몹쓸 이유(웃음)도 있겠으나, 가장 큰 요인은 쓸 생각도 쓸 능력도 있지만 쓸 틈이 없다는 점을 들 수 있다.

즉 연구자에게 부과되는 과다한 잡무가 원인이다. 빈번하게 열리는 학내 교수회의도 준비해야 하고 학생들 연구도 봐주어야 한다. 심지어 일상생활을 돌봐주어야 할 때도 있다. 거기다 예산 관리며 보고서 작성 등등 연구 이외에 소비되는 시간이 점차 많아지고 있다.

국공립대를 포함해 일본의 대학은 21세기 들어 모두 법인화되었다. 극단적으로 말해 대학이 기업처럼 되고 있다.

즉 대학이 순수한 교육기관에서 학생을 모집해 등록금을 모으고 연구 예산도 경쟁을 거쳐 확보하는 상업 기관으로 변해버린 것이다. 그 결과 아무리 우수한 연구자라도 대학이나 연구실 운영에 이리저리 쫓길 수밖에 없다. 거기다 당장 도움이 되지는 않는다는 이유로 연구 예산을 깎아버리는 혹독한 성과주의가 연구자를 더욱 압박하고 있다.

최근(2019년)에도 문부과학성이 iPS 세포 연구의 선두주자이자 일본의 자랑스러운 노벨상 수상 연구자인 야마나카 신야 교수의 연구 프로젝트에 대한 예산 지원을 중단하겠다고 밝힌 것이 화제가 되어 거센 비판을 받은 적이 있다. 이것이 현재 일본의 연구 환경이 안고 있는 불편한 진실이다.

앞에서도 언급했지만, 내가 근무하는 국립 환경 연구소는 환경문제 해결이 임무이며 환경정책에 기여하고 국민 생활의 질을 높이는 것이 의의이자 목표다. 내가 이끄는 연구실에서도 스태프로 일하는 연구원에게는 늘 구체적인 할당량을 부여해 확보한 데이터를 반드시 논문으로 작성하여 연구 성과를 알리도록 하고 있다. 그리고 가능한 한 내 지식과 경험을 살려 이들의 논문 작성을 지도하고 조언을 해주려고 노력한다.

늘 검은 옷을 입는 이유는!?

마지막으로 화제를 내 개인에 관한 정보로 돌려 글을 마무리

짓도록 하겠다.

방송에서도 화제가 될 만큼 내가 늘 검은 옷차림을 하고 다니는 이유를 궁금해하는 분도 있을 듯해 일단 설명이랄지, 경위를 얘기하고자 한다.

내가 검은 옷을 입기 시작한 건 2000년쯤부터로, 그 후 20년간 쭉 검은 옷을 고수하고 있다.

앞서 영화를 좋아한다고 했지만, 그렇다고 〈스타워즈〉의 다스베이더나 〈매트릭스〉의 키아누 리브스를 의식한 건 아니다. 펑크나 헤비메탈 장르를 듣다 영향을 받은 거냐는 질문도 받는데 음악도 전혀 상관없다. 그저 좋아서 입는 것일 뿐, 무언가를 모방하고 싶거나 동경하는 마음에서 비롯된 것이 아니다.

때는 2000년쯤이었다. 우연히 출장에서 돌아오는 길에 요코하마에서 '꼼 사 이즘(COMME CA ISM)'이라는 SPA 브랜드 매장에 들러 검은 옷을 입어봤는데, 순간 나한테 너무 잘 어울린다는 생각이 들어서 그때부터 검은색을 내 퍼스널 컬러로 정했다. 이후, 특유의 집요한 성격이 발동하면서 검은 옷 인생이 시작되었다.

벌레나 조립식 장난감, 오토바이, 진드기와 마찬가지로 그때부터 검은색에 푹 빠지는 바람에 세상에서 파는 옷은 검은색밖에 눈에 들어오지 않았다. 어느새 주위에서도 내가 검은색 외에 다른 색 옷을 입으면 낯설다는 반응을 보이기 시작해 검은 옷만 입고 다니게 된 것이다.

또 하나의 트레이드 마크인 선글라스는 고등학생 시절, 산악부에 들어가 산행을 다닐 때부터 쓰기 시작했는데, 아무래도 고등학생이다 보니 겉멋이 든 바람에 산에서 내려와서도 계속 선글라스를 쓰고 학교에 다녔다.

당연히 선생님께 종종 주의도 받았다. 하지만 나는 굴하지 않고 교실에서는 색이 옅어져서 일반 안경처럼 보이고 밖에 나가면 검정 선글라스로 변하는 편광(偏光) 렌즈를 써서 선생님의 눈을 속이고 다녔다.

그런 식으로 계속 쓰다 보니 이제는 몸의 일부처럼 느껴져서 벗을 수가 없게 됐다. 하지만 최근 방송 출연이 잦아지면서 길거리에서도 사람들이 내 얼굴을 알아보는 경우가 있어 이제는 개인적인 시간에는 선글라스를 벗고 다니는 일이 많아졌다. 오히려 선글라스를 벗었더니 상대가 날 못 알아봐서 약속 장소에서 만날 때 곤란한 경우도 종종 있다(웃음).

방송 출연으로 환경문제를 널리 알리다

검은 옷과 선글라스는 방송용 의상 아니냐는 질문을 자주 받는데, 앞서 설명한 대로 나는 방송에 나오기 훨씬 전부터 이 스타일로 살고 있었다. 또 하나, 방송에는 어떤 계기로 출연하게 됐냐는 질문도 자주 받는다.

실은 지금의 연구소로 이직한 후, 외래종이나 농약 등 환경 문제를 연구하게 되면서 결과가 나올 때마다 TV나 신문사의 취재에 응하기는 했었다.

특히 2000년경에 외국산 사슴벌레의 위험성 평가 연구를 했을 때는 마침 사슴벌레 사육 붐이 절정이던 시절이라 여름에는 매일 방송국 취재진이 찾아들어 꽤 많은 미디어에 얼굴을 비추게 되었다.

그리고 2010년, COP10(제10차 생물다양성협약 당사국 총회)이 아이치현 나고야시에서 개최되면서 편성된 NHK의 생물 다양성 특별 방송에 출연한 것이 최초의 버라이어티 프로그램 출연이었다. 같은 해에 TBS의 〈동물 기상천외〉*에 출연해 아이들에게 큰 인기를 끌었던 파충류학자 센고쿠 쇼이치 선생님한테 잠깐 TBS 본사로 와달라는 연락을 받았다.

센고쿠 선생님과는 연구를 계기로 알게 된 이후, 매우 가깝게 지내고 있었다. 연락받은 대로 TBS로 찾아가자, 선생님은 "TBS에서 새로운 과학 예능 프로그램을 시작하는데, 생물 전문

---

* 1993년부터 2009년까지 TBS에서 방송한 동물 예능 프로그램-역주

가로 출연해주면 좋겠다"라는 부탁을 해왔다. 한마디로 센고쿠 선생님이 내게 예능 프로그램의 바통을 넘겨준 것이다.

그 새 프로그램이 〈교과서에 싣고 싶어요!〉였다. 매회 여러 코미디언과 탤런트가 초대 손님으로 나오고 방청객도 참여하는 본격 민영방송 예능 프로그램으로, 출연 제의를 수락했을 당시에는 내가 해도 될까? 하는 생각에 상당히 불안했던 기억이 난다.

하지만 평소처럼 온통 검은 옷에 선글라스를 끼고 출연했더니 그 모습이 웃겼던지 메인 사회자였던 난짱이란 별칭의 난바라 씨가 첫 회부터 "어, 생물 선생님이었어요!? 난 무슨 부동산 전문가로 나온 줄 알았네!" 하고 놀리는 바람에 그날부로 완전히 방송에 재미를 붙이고 말았다.

이 프로그램을 계기로, TV아사히의 〈TV 태클〉이나 TV도쿄의 〈다케시의 일본의 시선!〉, 니혼 TV의 〈세계에서 가장 듣고 싶은 수업〉 등 다른 민영 방송사의 지식 예능 프로그램에도 잇따라 출연하게 되었다. 그렇게 정신없이 일과 방송에 쫓기며 지내다 2014년에는 큰 병을 얻어 5개월이나 장기 입원을 하기도 했지만……

입원 중에도 출연 제의가 오는 바람에 스튜디오 녹화를 이유로 첫 외출을 감행한 적도 있다. 의사도 웃음밖에 안 나오는 난감한 환자였다.

　퇴원 후, 2015년에는 후지TV의 〈전력! 탈진 타임스〉라는 뉴스 예능 프로그램을 만나 이 원고를 쓰고 있는 지금도 고정 출연 중이다.

　예능 프로그램 출연은 결과적으로는 내 본업인 연구에도 큰 이점을 안겨주었다.

　예를 들면, NHK의 〈클로즈업 현대〉 같은 딱딱한 프로그램에 나가더라도 내가 출연한다고 하면 "탈진 타임스에 나오는 선생님이 NHK에 나와." 하며 다들 채널을 고정한다.

　즉 예능에 출연한 덕에 환경문제라는 딱딱한 화제를 꺼낼 수 있는 장이 더 넓어진 것이다.

　불과 얼마 전, 불개미가 도쿄 시내에 둥지를 틀고 있다는 뉴스가 나온 적이 있는데, 당시에도 NHK에서 해설했던 내 영상이 〈전력! 탈진 타임스〉에 나오면서 화제가 되기도 했다. 이 방송을 계기로 많은 이들이 불개미에 흥미를 갖게 됐다면 나의 홍보 전략은 대성공인 셈이다.

　나는 현재 외래 생물 등 환경문제를 생업으로 삼고 있지만,

실제로 가장 관심이 많은 것은 '환경문제에 개입하는 인간 사회나 인간상'이다. 사람의 가치관에 따라서는 단순히 외래 생물을 유해 생물로 규정할 수 없는 경우도 많은 데다, 방제와 관련해서도 그 외래 생물이 유입된 이유나 지금까지 줄이지 못한 원인 등을 인간 사회에서 찾아 해결하는 과정이 내게는 가장 흥미롭고 보람찬 지점이다.

지식과 기술만 제공하고 끝인 게 아니라 외래종 방제의 의의와 의미를 설명하고 동시에 다양한 의견을 듣고 합의를 이룰 만한 포인트를 찾는다. 그 과정에 관여하는 인간을 관찰하는 것이 흥미롭다. 역시 벌레보다 인간이 더 좋은 것 같다. 당연한 소리지만.

원래 어릴 때부터 좋아했던 벌레 사육이나 조립식 장난감도 자기만족에 그치기보다 남에게 보여주는 게 좋았다. 수생생물의 사육장을 아쿠아리움(aquarium), 육상동물의 사육장을 테라리움(terrarium)이라고 하는데, 나는 벌레가 움직이는 미니어처 세계를 보여주며 사람들이 놀라는 반응을 보는 것 자체가 즐거웠던 것 같다.

자기 과시욕이라기보다 내가 만든 걸 보여주고 싶어하는 마음이 강하다. 그래서 가능한 한 재미있는 연구 소재와 결과물로 사람들을 놀라게 해주고 싶다는 마음 하나로 여기까지 온 것 같다.

발표 슬라이드도 다채로운 색감을 사용해 내가 사랑하는 진드기 세계로 청중을 초대한다는 마음으로 작성한다. 발표도 엔터테인먼트 요소가 있으면 다들 관심을 보인다. 항상 듣는 사람이 만족하는 발표를 하고 싶다. 따라서 강연은 늘 처음이자 마지막 기회라고 생각하며 절대 허투루 준비하지 않을 생각이다. 2019년에는 100여 차례 강연을 했다. 만약 기회가 된다면 여러분도 꼭 한 번 들어주길 바란다.

내가 몸담아온 생물학이나, 생태학, 환경 과학과 같은 분야는 실은 우리 인간이 살아가는 데 정말 중요한 사실을 알려주는 과학 분야임을 이 책을 쓰면서 다시 한번 실감했다. 하지만 이쪽 분야의 전문가는 설명을 자꾸 진지하고 어렵게 하려고 든다. 그렇게 하면 아무래도 여러 사람의 관심을 끌기는 어렵다.

이 책은 내 나름대로 가능한 한 많은 이들이 재미있게 읽어주길 바라는 마음으로 쓴 것이다. 물론 개중에는 진지한 주제도 있다. 그러나 그런 주제조차 독자가 '이런 얘기는 처음인데. 의외로 재밌네.' 하며 흥미롭게 받아들일 수 있도록 나름대로 표현법을 고민해보았다. 그런 의도가 조금이라도 효과를 발휘했길 바란다.

맺음말

　나는 확실히 살아 있는 걸 키우는 게 좋았다. 그렇다고 생명체를 친구처럼 여기거나 벌레라면 사족을 못 쓰는 벌레 마니아였던 건 아니다.

　그저 진드기나 생명체에 관심이 가니까 연구하는 것일 뿐이다. 생명체는 내가 몰두하고 있는 것 중 하나이며 그 외에도 좋아하는 건 많다.

　현재 생물 연구는 내 생업이지만, 그 궁극적인 목적은 남에게 보여주려는 데 있다. 내가 재미있다고 생각한 것을 보여주고 모두와 그 재미를 공유하고 싶다. 그것이 내가 일하는 원동력이다.

　그래서 이 책에서는 내가 겪으며 익힌 생물학을 독자 여러분 인생에도 도움이 되게끔 알기 쉽게 적어보았다. 여러분이 아주 조금이나마 생물학의 재미와 심오한 생태학 세계에 눈을 뜰 수 있길 바란다.

이 책은 처음으로 구술필기 형식을 빌려 작성한 것이다. 인터뷰와 녹음된 음성을 글로 옮기느라 마쓰모토 유키 씨의 노고가 정말 이만저만이 아니었다. 내가 두서없이 내뱉은 내용을 다시금 읽을 수 있는 형태로 정리하느라 갖은 고생을 다 했다……. 그런 이유로 원고를 마무리하는 데 꽤 오랜 시간이 걸렸다. 마지막까지 편집에 힘써준 마쓰모토 씨, 그리고 다쓰미 출판의 고바야시 도모히로 씨에게 진심으로 고맙다는 말을 전하고 싶다. 더불어 끝까지 읽어준 독자 여러분께도 깊은 감사의 말씀을 드린다.

이 정도는 알아야 할
생물학 이야기

초판 1쇄 발행   2025년 6월 15일

지 은 이   고카 고이치
옮 긴 이   박정아
펴 낸 이   한승수
펴 낸 곳   문예춘추사

편   집   이상실, 구본영
디 자 인   박소윤
마 케 팅   박건원, 김홍주

등록번호   제300-1994-16
등록일자   1994년 1월 24일
주   소   서울특별시 마포구 동교로 27길 53, 309호
전   화   02 338 0084
팩   스   02 338 0087
메   일   moonchusa@naver.com

I S B N   978-89-7604-724-3   03400